家禽养殖知识问答

席克奇　刘永华　金兆亿　杨晓丹　编著

中国农业出版社
北　京

前　言

自我国改革开放以来，家禽养殖业是广大农民增加收入、脱贫致富的主要途径之一。随着农村产业结构的调整和有关“三农”政策的落实，家禽养殖业得到了长足发展，许多农民投资养禽生产，涌现出一大批家庭养禽场，并逐步走上规模化养殖的道路。但是，目前养禽生产竞争激烈，受市场信息、产品价格、饲养技术、管理方法等诸多因素的影响，生产经营状况波折起伏。归纳总结过去生产中的经验教训，给我们以启示：家禽养殖业是农业生产中的一部分，盈利水平不是很高，但科技含量比较高，必须把生产技术与经营管理有效结合起来，其中优良品种是养好家禽的前提，生产技术是养好家禽的保证，信息沟通是占有市场的条件，经营管理是获得盈利的关键。无论在哪一环节出现问题，都会给养禽生产带来重大损失。因此，作为生产者，既要懂得生产技术，又要掌握各种信息，同时更要善于管理，这样才能使自己立于不败之地。

为了适应和促进我国农村养禽业的发展，加快农民脱贫致富的步伐，普及科学养殖知识，满足农村养禽生产的实际需要，编者总结目前国内养禽生产的成功经验，结合自己多年的工作体会，编写了《家禽养殖知识问答》一书。

在本书编写过程中，着重结合目前农村生产条件和特点，遵循内容系统、语言通俗、注重实用的原则，以问答形式重点介绍了家禽饲料与利用、家禽孵化技术、鸡的饲养管理、鸭的饲养管理、鹅的饲养管理、家禽的无公害饲养、家禽常见病及防治等方面内容，可供农村家禽养殖户和基层畜牧兽医工作人员参考。

在本书编写过程中，承蒙辽宁医学院畜牧兽医学院、辽宁农业经济职业学院、沈阳市苏家屯区动物疫病控制中心、绥中县动物疫病控制中心等有关单位的大力支持与帮助，谨在此表示衷心感谢。

在本书编写过程中，我们还曾参考一些专家、学者撰写的文献资料，在此向原作者致以诚挚的谢意。

编著者

2018年5月

目　录

第一篇　家禽饲料与利用

1. 家禽需要哪些营养成分?

家禽为了保证健康、进行正常的生长发育，必须不断地从外界摄取食物（即饲料），并从这些食物中吸取各种营养物质，其中包括水、蛋白质、碳水化合物、脂肪、矿物质和维生素等。这些营养物质进入消化道后大部分被消化、吸收，一部分不能被消化、吸收和利用的，变成粪尿排出体外。通过分析饲料得知，家禽饲料中含有的营养成分，可用图 1－1 表示。

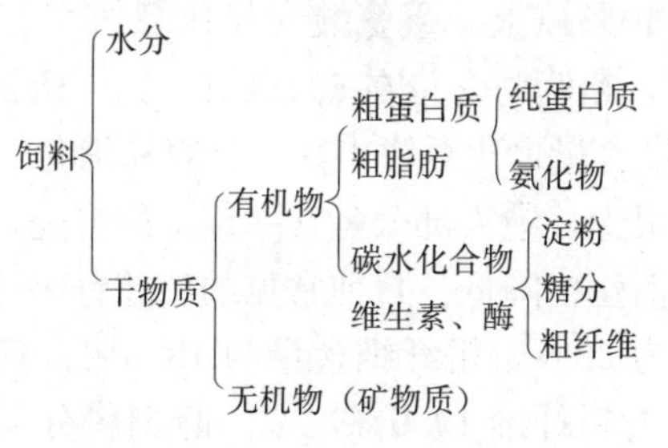

图 1－1　饲料中的营养物质

2. 什么叫蛋白质饲料？家禽常用的蛋白质饲料有哪些?

蛋白质饲料一般指饲料干物质中粗蛋白质含量在 20%以上，粗纤维含量在 18%以下的饲料。蛋白质饲料主要包括植物性蛋白质饲料和动物性蛋白质饲料。

（1）植物性蛋白质饲料　主要有豆饼（豆粕）、花生饼、葵花饼、芝麻饼、菜籽饼、棉籽饼等。①豆饼（豆粕）：大豆因榨油方法不同，其副产物可分为豆饼和豆粕两种类型。用压榨法加工的副产品叫豆饼，用浸提法加工的副产品叫豆粕。豆饼（粕）中含粗蛋白质40%～45%，含代谢能10.04～10.88兆焦/千克，矿物质、维生素的营养水平与谷实类饲料大致相似，且适口性好，经加热处理的豆饼（粕）是家禽最好的植物性蛋白质饲料，一般在饲粮中用量可占10%～30%。虽然豆饼中赖氨酸含量比较高，但缺乏蛋氨酸，故与其他饼粕类或鱼粉配合使用，或在以豆饼为主要蛋白质饲料的无鱼粉饲粮中加入一定量合成氨基酸，饲养效果更好。②花生饼：花生饼中粗蛋白质含量略高于豆饼，为42%～48%，精氨酸含量高，赖氨酸含量低，其他营养成分与豆饼相差不大，但适口性好于豆饼，与豆饼配合使用效果较好，一般在饲粮中用量可占15%～20%。③葵花籽饼（粕）：葵花籽饼的营养价值随含壳量多少而定。优质的脱壳葵花籽饼粗蛋白质含量可达40%以上，蛋氨酸含量比豆饼多2倍，粗纤维含量在10%以下，粗脂肪含量在5%以下，钙、磷含量比同类饲料高，B族维生素含量也比豆饼丰富，且容易消化。但目前完全脱壳的葵花籽饼很少，绝大部分是含一定量的籽壳，从而使其粗纤维含量升高，消化率降低。目前常见的葵花籽饼的干物质中粗蛋白质平均含量为22%，粗纤维含量为18.6%；葵花籽粕含粗蛋白质24.5%，含粗纤维19.9%，按国际饲料分类原则应属于粗饲料。因此，含籽壳较多的葵花籽饼（粕）在饲粮中用量不宜过多，一般占5%～15%。④芝麻饼：芝麻饼是芝麻榨油后的副产物，含粗蛋白质40%左右，蛋氨酸含量高，适当与豆饼搭配饲喂，能提高蛋白质的利用率。一般在饲粮中用量可占5%～10%。由于芝麻饼含脂肪多而不宜久贮，最好现粉碎现喂。⑤菜籽饼：菜籽饼粗蛋白质含量高（约38%左右），营养成分也比较全面，与其他油饼类饲料相比，突出的优点是：含有较多的钙、磷和一定量的硒，B族维生素（尤其核黄素）的含量比豆饼丰富，但其蛋白质生物学价值不如豆饼，而且含有芥子毒素，有辣味，适口性差，生产中需加热处理去毒才能作为家禽的饲料，一般在饲粮中含量占5%左右。

（2）动物性蛋白质饲料　主要有鱼粉、肉骨粉、蚕蛹粉、血粉、羽毛粉等。①鱼粉：鱼粉中不仅蛋白质含量高（45%～65%），而且氨基酸种类丰富且完善，其蛋白质生物学价值居动物性蛋白质饲料之首。鱼粉中维生素A、维生素D、维生素E及维生素B族维生素含量丰富，矿物质含量也较全面，不仅钙、磷含量高，而且比例适当；锰、铁、锌、碘、硒的含量也是其他任何饲料所不及的。进口鱼粉颜色棕黄，粗蛋白质含量在60%以上，含盐量少，一般可占饲粮的5%～15%；国产鱼粉呈灰褐色，含粗蛋白质35%～55%，含盐量高，一般可占饲粮的5%～7%，太多容易造成食盐中毒。②肉骨粉：肉骨粉是由肉联厂的下脚料（如内脏、骨骼等）及病畜体的废弃肉经高温处理而制成的，其营养物质含量随原料中骨、肉、血、内脏比例不同而异，一般蛋白质含量为40%～65%，脂肪含量为8%～15%。使用时，最好与植物性蛋白质饲料配合，用量可占饲粮的5%左右。③血粉：血粉中粗蛋白质含量高达80%左右，富含赖氨酸，但蛋氨酸和胱氨酸含量较少，消化率比较低，生产中最好与其他动物性蛋白质饲料配合使用，用量不宜超过饲粮的3%。④羽毛粉：水解羽毛粉含粗蛋白质近80%，但蛋氨酸、赖氨酸、色氨酸和组氨酸含量低，使用时要注意氨基酸平衡问题，应与其他动物性饲料配合使用，一般在饲粮中用量可占2%～3%。

3. 什么叫能量饲料？家禽常用的能量饲料有哪些？

饲料中的有机物都含有能量，而这里所谓的能量饲料是指那些富含碳水化合物和脂肪的饲料，在干物质中粗纤维含量在18%以下，粗蛋白质含量在20%以下。这类饲料的消化率高，每千克饲料干物质代谢能为7.11～14.6兆焦；粗蛋白质含量少，仅为7.8%～13%，特别是缺乏赖氨酸和蛋氨酸；含钙少、磷多。因此，这类饲料必须和蛋白质饲料等其他饲料配合使用。

（1）玉米　玉米含能量高、纤维少，适口性好，消化率高，是家禽饲养中用得最多的一种饲料，素有饲料之王的称号。中等质地的玉米含代谢能12.97～14.64兆焦/千克，而且黄玉米中含有较多的胡萝卜素，用黄玉米饲喂家禽可提供一定量的维生素A，促进家禽的生长发育、产蛋及卵黄着色。玉米的缺点是蛋白质含量低，缺乏赖氨酸、蛋氨酸和色氨酸，钙、磷含量也较低。在家禽饲粮中，玉米可占50%～70%。

（2）高粱　高粱含能量与玉米相近，但含有较多的单宁（鞣酸），使味道发涩，适口性差，饲喂过量还会引起便秘。一般在饲粮中用量不超过10%～15%。

（3）粟　俗称谷子，去壳后称小米。小米含能量与玉米相近，粗蛋白质含量高于玉米，为10%左右，核黄素（维生素B_2）含量高（1.8毫克/千克），而且适口性好。

（4）碎米　是加工大米筛下的碎粒。含能量、粗蛋白质、蛋氨酸、赖氨酸等含量、与玉米相近，而且适口性好，是家禽良好的能量饲料，一般在饲粮中用量可占30%～50%或更多一些。

（5）小麦　小麦含能量与玉米相近，粗蛋白质含量高，且所含氨基酸比其他谷实类丰富，B族维生素含量丰富，是家禽良好的能量饲料。但优质小麦价格昂贵，生产中只能用不宜做口粮的小麦（麦秕）做饲料。麦秕是不成熟的小麦，籽粒不饱满，其蛋白质含量高于小麦，适口性好，且价格也比较便宜。

（6）大麦、燕麦　大麦和燕麦含能量比小麦低，但B族维生素含量丰富。因其皮壳粗硬，不易消化，需破碎或发芽后少量搭配饲喂。

（7）小麦麸　小麦麸粗蛋白质含量较高，可达13%～17%，B族维生素含量也较丰富，质地松软，适口性好，是家禽的常用饲料。由于麦麸粗纤维含量高，容积大，且有轻泻作用，故用量不宜过多。一般在饲粮中的用量，雏禽和成禽可占 5%～15%，育成禽可占 10%～20%。

(8) 米糠　米糠是稻谷加工的副产物，其成分随加工大米的精白程度而有显著差异。米糠含能量低，粗蛋白质含量高，富含B族维生素，多含磷、镁和锰，少含钙，粗纤维含量高。由于米糠含油脂较多，故久贮易变质。一般在饲粮中米糠用量可占5%～10%。

(9) 高粱糠　高粱糠粗蛋白质含量略高于玉米，B族维生素含量丰富，但粗纤维含量高、能量低，且含有较多的单宁（单宁和蛋白质结合发生沉淀，影响蛋白质的消化，适口性差。）一般在饲粮中用量不宜超过 5%。

4. 什么叫青饲料？家禽常用的青饲料有哪些？

青饲料是指含水量在 60%以上的新鲜植物性饲料，主要包括野生牧草、栽培牧草、蔬菜、作物茎叶、青绿树叶、青饲作物、水生饲料等，具有来源广、成本低廉的优点。青绿饲料干物质中蛋白质含量高，品质好；钙含量高，且钙、磷比例适宜；粗纤维含量少，适口性好，容易消化；富含胡萝卜素和多种B族维生素。但青绿饲料一般含水量较高，甚至达 70%～80%，干物质含量少，有效能值低，因此在大量饲喂青绿饲料的条件下，要注意适当补充精料。

5. 什么叫粗饲料？家禽常用的粗饲料有哪些？

粗饲料一般指干物质中粗纤维含量在 18%以上的饲料。主要包括干草类、农副产品类、风干后的树叶类和槽渣类等。此类饲料的共同特点是：①碳水化合物中粗纤维含量高而无氮浸出物含量低，因而消化率含量低。②粗蛋白含量差异很大。豆科干草和地瓜蔓蛋白质含量可达 10%～19%，禾本科干草只有 6%～10%，秸秆和皮壳仅有 3%～5%。③矿物质中，豆科粗饲料钙含量较高，其他则较低。④维生素D丰富而其他维生素较少，其原因是植物中麦角固醇经紫外线照射后可转变为维生素D。

6. 什么叫矿物质饲料？家禽常用的矿物质饲料有哪些？

矿物质饲料是为了补充植物性饲料和动物性饲料中某种矿物质元素不足而利用的一类饲料。矿物质在大部分饲料中都有一定含量，在散养和低产的情况下，看不出明显的矿物质缺乏症，但规模化饲养、高产的情况下需要量增多，必须在饲料中补加。矿物质饲料包括天然单一的矿物质饲料和多种混合的矿物质饲料以及某些微量或常量元素的补充料。

(1) 食盐　其化学成分为氯化钠，具有促进食欲、保持细胞正常渗透压、维持健康的作用。但禽类对食盐的耐受量较低，一般在日粮中含量为0.25%～0.5%。当食盐含量偏高或混合不匀时，就有可能引起食盐中毒。具体喂量视饲粮组成中的含盐量、日龄、生产需要而定。

(2) 石粉　由天然石灰石粉碎而成，主要成分为碳酸钙，白色或灰色，无味，不吸湿。钙含量为35%～38%。价格低廉，但禽类吸收率较低。石粉的用量禽类控制在2%～7%。过高易影响有机养分消化率，使泌尿系统产生炎症与结石。最好与骨粉按1∶1的比例配合使用。

(3) 贝壳粉　贝壳粉为各种贝类外壳（如蚌壳、螺筛壳、蛤俐壳等）经加工粉碎而成的粉状或粒状产品。含有约94%的碳酸钙（38%的钙），呈白色粉状或片状。禽类对贝壳粉的吸收率尚可，特别是下午喂颗粒状贝壳，有助于形成良好的蛋壳。

(4) 蛋壳粉　蛋壳粉为禽蛋加工厂的副产品，经清洗、干燥灭菌、粉碎过筛即成。除含有碳酸钙约94%（34%钙）外，还含有7%的粗蛋白质，0.09%的磷。为理想钙源，利用率较高。

(5) 骨粉　以家畜的骨骼为原料，经蒸汽高压蒸煮、脱脂、脱胶后干燥、粉碎过筛制成。一般为黄褐色或灰褐色，其基本成分为磷酸钙，含钙量约26%，磷约13%，钙磷比为2∶1，是钙、磷较平衡的矿物质饲料。还含蛋白质约12%。其品质因骨源与加工方法不同而差异较大，如经5 332帕压力处理脱胶，骨髓和脂肪基本去除，则无异味，并呈白色粉末状。骨源当以猪骨为佳。生骨粉易酸败变质，并有传播疾病的危险。

（6）磷酸钙盐　由磷矿石制成或由化工生产的产品。常用的有磷酸二钙（磷酸氢钙），还有磷酸一钙（磷酸二氢钙）。它们的溶解性要高于磷酸三钙，动物对其中的钙、磷的吸收利用率也较高。磷酸钙盐中的氟不宜超过0.2%，以免引起禽类中毒，甚至大批死亡。

7. 什么叫饲料添加剂？它们分哪几类？

饲料添加剂是用于改善基础日粮、促进生长发育、防治某些疾病的微量成分，它们的功效是多方面的，正确使用可提高家禽的生产性能。饲料添加剂虽然品种繁多，但可归结为两大类，一类是营养性饲料添加剂，包括维生素添加剂、氨基酸添加剂、矿物质添加剂等；另一类是非营养性饲料添加剂，包括生长促进剂（抗生素、抗菌药物、激素、酶制剂等）、驱虫保健剂（驱虫药物、防虫药物等）、饲料保藏剂（抗氧化剂、防毒剂等），增进食欲和禽产品质量改进添加剂（调味刺、颗粒粘合剂、着色剂等）。

目前国内生产中应用较多的品种主要是维生素、微量元素及部分氨基酸（蛋氨酸、赖氨酸）等营养性添加剂；非营养性添加剂则以抗菌药物、驱虫药物添加剂占大多数。

8. 怎样使用各种营养性饲料添加剂？

（1）维生素、微量元素添加剂　这类添加剂可分为雏禽、育成禽、产蛋种禽、肉用禽等多种，添加时按药品说明决定用量，饲料中原有的含量只作为安全裕量，不予考虑。家禽处于逆境时，如运输、转群、注射疫苗、断喙时对这类添加剂的需要量加大。

（2）氨基酸添加剂　目前人工合成而作为饲料添加剂进行大批量生产的是赖氨酸和蛋氨酸。以大豆饼为主要蛋白质来源的日粮，添加蛋氨酸可以节省动物性饲料用量，豆饼不足的日粮添加蛋氨酸和赖氨酸，可以大大强化饲料的蛋白质营养价值，使用时按基础日粮与饲养标准的差额进行添加，添加量一般占日粮的0.2%～0.5%。

9. 怎样使用各种非营养性饲料添加剂？

（1）抗生素添加剂　抗生素添加剂不仅具有防病健身的效果，有些还能促进生长发育，并改善饲料报酬。在防疫卫生条件差和饲料不完善情况下使用效果更明显。但不宜过量和长期投喂，一般在产蛋期和肉用禽上市前7～10天应停止添喂。常用的抗生素添加剂有金霉素、土霉素钙、硫酸新霉囊、莫能菌素、北里霉素等。

（2）驱虫保健剂　主要指添加于饲料中的抗球虫药物。目前用于防治球虫的药物很多，如氯苯胍、克球粉、腐质酸钠等，这类药物要严格按使用说明控制药量，否则易发生药物中毒。

（3）防霉剂　为防止饲料在高温、高湿环境中霉烂变质而使用的添加剂。主要有丙酸钙、丙酸钠等。

（4）抗氧化剂　其作用是缓和或降低配合饲料中的脂肪、维生素和色素的氧化分解过程，从而增强其稳定性和使用效果。用于饲料的抗氧化剂主要有山道喹、乙氧基喹啉等。

（5）着色剂　为使肉用仔鸡的喙、胫、皮肤呈黄色，可在饲粮中添加一定量的着色剂，如叶黄素、胡萝卜醇等。

10. 使用饲料添加剂时要注意哪些问题？

饲料添加剂的作用已逐渐被人们认识，使用愈来愈普遍，但因其种类多，使用量小而作用很大，且多易失效，所以使用时应注意以下几点：

（1）正确选择　目前饲料添加剂的种类很多，每种添加剂都有自己的用途和特点。因此，用前应充分了解它们的性能，然后结合饲养目的、饲养条件、家禽品种及健康状况等选择使用。

（2）用量适当　若用量少，则达不到预期目的，用量过多会引起中毒，增加饲养成本。用量多少应严格遵照生产厂家在产品包装上的使用说明。

（3）搅拌均匀　搅拌的均匀程度与效果直接相关。在手工拌料时，具体做法是先确定用量，将所需添加剂加入少量的饲料中拌和均匀，即为第一层次预混料；然后再把第一层次预混料掺到一定量（饲料总量的1/5～1/3）饲料上，再充分搅拌均匀，即为第二层次预混料；最后再次把第二层次预混料掺到剩余的饲料上，拌匀即可。这种方法称为饲料三层次分级拌合法。由于添加剂的用量很少，只有多层次分级搅拌才能混匀。如搅拌不均匀，即使是按规定的用量饲用，也往往起不到作用，甚至会出现中毒现象。

（4）混于干粉料中　饲料添加剂只能混于干粉料中、短时间贮存待用，才能发挥它的作用。不能混于加水的饲料和发酵的饲料中，更不能与饲料一起加工或煮沸使用。

（5）贮存时间不宜过长　大部分饲料添加剂不宜久放，特别是营养性饲料添加剂、特效添加剂，久放后容易受潮发酵变质或氧化还原而失去作用，如维生素添加剂、抗生素添加剂等。

（6）配伍禁忌　多种维生素最好不要直接接触微量元素和氯化胆碱，以免减小药效。在同时饲用两种以上的添加剂时，应考虑有无拮抗、抑制作用，是否会产生化学反应等。

11. 什么叫饲养标准？应用饲养标准时要注意哪些问题？

在家禽生产中，为了充分发挥家禽的生产能力又不浪费饲料，必须对每只家禽每天应该给予的各种营养物质量规定一个大致的标准，以便实际饲养时有所遵循，这个标准就叫饲养标准。

在饲养标准中，详细地规定了家禽在不同生长时期和生产阶段，每千克饲粮中应含有的能量、粗蛋白质、各种必需氨基酸、矿物质及维生素含量。有了饲养标准，可以避免实际饲养中的盲目性，对饲粮中的各种营养物质能否满足家禽的需要，与需要量相比有多大差距，可以做到心中有数，不至于因饲粮营养指标偏离家禽需要量或比例不当而降低家禽的生产水平。

应用饲养标准时需注意以下几个问题　①饲养标准来自养禽生产，然后服务于养禽生产。生产中只有合理应用饲养标准，配制营养完善的全价饲粮，才能保证家禽健康并很好地发挥生产性能，提高饲料利用率，降低饲养成本，获得较好的经济效益。因此，为家禽配合饲粮时，必须以饲养标准为依据。②饲养标准本身不是永恒不变的指标，随着营养科学的发展和家禽品质的改进，饲养标准也应及时进行修订、充实和完善，使之更好地为养禽生产服务。③饲养标准是在一定的生产条件下制订的，各地区以及各国制订的饲养标准虽有一定的代表性，但毕竟有局限性，这就决定了饲养标准的相对合理性。

家禽的营养需要是个极其复杂的问题，饲料的品种、产地、保存好坏都会影响其中的营养含量；家禽品种、类型、饲养管理条件等也都影响营养的实际需要量，温度、湿度、有害气体、应激因素、饲料加工调制方法等也会影响营养的需要和消化吸收。因此，在生产中原则上既要按标准配合饲粮，也要根据实际情况做适当的调整。

12. 用配合饲料饲喂家禽有什么好处？配合日粮时应遵循哪些原则？

配合饲料是根据饲养标准，将各类饲料按比例配合在一起，以满足不同年龄或不同生产性能的营养需要，用配合饲料饲喂家禽，既可保证家禽能吃到营养完善的日粮，维持家禽健康和高产，又可节省劳力、便于机械送料。在配合日粮时应遵循以下原则：

（1）营养原则　①配合日粮时，必须以家禽的饲养标准为依据，并结合饲养实践中家禽的生长与生产性能状况予以灵活应用。发现日粮中的营养水平偏低或偏高，应进行适当地调整。②配合日粮时，应注意饲料的多样化，尽量多用几种饲料进行配合，这样有利于配制成营养完整的日粮，充分发挥各种饲料中蛋白质的互补作用，有利于提高日粮的消化率和营养物质的利用率。③配合日粮时，涉及的营养项目很多，如能量、蛋白质、各种氨基酸、各种矿物质等，首先要满足家禽的能量需要，然后再考虑蛋白质，最后调整矿物质和维生素营养。

（2）生理原则　①配合日粮时，必须根据各类家禽的不同生理特点，选择适宜的饲料进行搭配，尤其要注意控制日粮中粗纤维的含量。②配制的日粮应有良好的适口性。所用的饲料应质地良好，保证日粮无毒、无害、不苦、不涩、不霉、不污染。③配合日粮所用的饲料种类力求保持相对稳定，如需改变饲料种类和配合比例，应逐渐变化，给家禽一个适应过程。

（3）经济原则　在养禽生产中，饲料费用占很大比例，一般要占养禽成本的60%～70%。因此，配合日粮时，应尽量做到就地取材，充分利用营养丰富、价格低廉的饲料来配合日粮，以降低生产成本，提高经济效益。

13. 各种饲料在家禽日粮中应占多大比例？

（1）谷实类饲料　谷实类饲料至少应选2～3种，占日粮比例：雏禽为40%～60%；成禽为50%～60%。

（2）糠麸类饲料　糠麸类饲料应选1～2种以上，占日粮比例：雏禽为15%～25%；成禽为10%～30%。

（3）饼粕类饲料　饼粕类饲料应选1～2种以上，占日粮比例：雏禽为15%～25%；成禽为10%～20%。

（4）动物性蛋白质饲料　动物性蛋白质饲料应选1～2种，占日粮比例：雏禽为8%～15%；成禽为5%～8%。

（5）叶粉、干草粉　占日粮比例2%～5%。

（6）矿物质饲料　矿物质饲料应选2～4种，占日粮比例：雏禽为2%～3%；成禽为3%～10%。如骨粉占日粮的1%～2%，食盐占日粮的0.3%～0.5%。贝壳粉、石粉占日粮比例：雏禽1%～2%，产蛋禽为3%～8%。

（7）维生素、微量元素等添加剂　按药品说明添加，一般占日粮的1%～2%。

（8）青饲料　一般占精饲料的25%～30%，如用维生素添加剂可不喂。

14. 怎样利用“试差法”设计家禽的日粮配方？

配合日粮首先要设计日粮配方，有了配方，然后“照方抓药”。设计日粮配方的方法很多，如四方形法、试差法、线性规划法、计算机法等。目前一些小型养禽场多采用试差法，而大型养禽场多采用计算机法。

所谓试差法是根据经验和饲料营养含量，先大致确定一下各类饲料在饲粮中所占的比例，然后通过计算看看与饲养标准还差多少再进行调整。下面以产蛋高峰期的蛋鸡设计饲粮配方为例，说明试差法的计算过程。

第一步：根据配料对象及现有的饲料种类列出饲养标准及饲料成分表（表1-1）。

表1-1　产蛋鸡饲养标准及饲料成分表（兆焦/千克、%）

项目	代谢能	粗蛋白	钙	总磷	蛋+胱氨酸	赖氨酸	食盐
饲养标准							
产蛋率>85%	11.29	16.5	3.5	0.6	0.65	0.75	0.37

（续）

项目	代谢能	粗蛋白	钙	总磷	蛋＋胱氨酸	赖氨酸	食盐
饲料成分							
鱼粉	11.8	60.2	4.04	2.9	2.16	4.72	
豆饼	10.54	41.8	0.31	0.5	1.22	2.43	
花生饼	11.63	44.7	0.25	0.53	0.77	1.32	
玉米	13.56	8.7	0.02	0.27	0.38	0.24	
碎米	14.23	10.4	0.06	0.35	0.39	0.42	
麦麸	6.82	15.7	0.11	0.92	0.39	0.58	
骨粉			29.8	12.5			
石粉			35.84	0.01			

注：矿物质钠、氯主要以食盐的形式补充，食盐按占饲粮的0.37%计算。

第二步：试制饲粮配方，算出其营养成分。如初步确定各种饲料的比例为鱼粉3%、花生饼5%、豆饼13%、碎米10%、麦麸6%、食盐0.37%、骨粉1%、石粉7%、添加剂0.5%、玉米54.13%。饲料比例初步确定后列出试制的饲粮配方及其营养成分表（表1-2）。

表1-2　初步确定的饲粮配方及其营养成分

饲料种类	饲料比例	代谢能（兆焦/千克）	粗蛋白（%）	钙（%）	总磷（%）	蛋＋胱氨酸（%）	赖氨酸（%）
鱼粉	3	0.03×11.80=0.354	0.03×60.2=1.806	0.03×4.04=0.121	0.03×2.90=0.087	0.03×2.16=0.065	0.03×4.72=0.142
豆饼	13	0.13×10.54=1.370	0.13×41.8=5.434	0.13×0.31=0.040	0.13×0.50=0.065	0.13×1.22=0.159	0.13×2.43=0.316
花生饼	5	0.05×11.63=0.582	0.05×44.7=2.235	0.05×0.25=0.013	0.05×0.53=0.027	0.05×0.77=0.039	0.05×1.32=0.066

（续）

饲料种类	饲料比例	代谢能（兆焦/千克）	粗蛋白（%）	钙（%）	总磷（%）	蛋+胱氨酸（%）	赖氨酸（%）
玉米	54.13	0.541×13.56 =7.336	0.541×8.7 =4.707	0.541×0.02 =0.011	0.541×0.27 =0.146	0.541×0.38 =0.206	0.541×0.24 =0.130
碎米	10	0.1×14.23 =1.423	0.1×10.4 =1.040	0.1×0.06 =0.006	0.1×0.35 =0.035	0.1×0.39 =0.039	0.1×0.42 =0.042
麦麸	6	0.06×6.82 =0.409	0.06×15.7 =0.942	0.06×0.11 =0.007	0.06×0.92 =0.055	0.06×0.39 =0.023	0.06×0.58 =0.035
骨粉	1			0.01×29.80 =0.298	0.01×12.50 =0.125		
石粉	7			0.07×35.84 =2.509	0.07×0.01 =0.001		
食盐	0.37						
添加剂	0.5						
合计	100	11.474	16.164	3.005	0.541	0.531	0.731

第三步：补足配方中粗蛋白质和代谢能含量。从以上试制的饲粮配方来看，代谢能比饲养标准多0.184兆焦/千克(11.474－11.29)，而粗蛋白质比饲养标准少0.336%（16.5%－16.164%），这样可利用豆饼代替部分玉米进行调整。若粗蛋白质高于饲养标准，同样也可用玉米代替部分豆饼含量进行调整。从饲料营养成分表中可查出豆饼的粗蛋白质含量为41.8%，而玉米的粗蛋白质含量为8.7%，豆饼中的粗蛋白质含量比玉米高33.1%(41.8%－8.7%)。在这里，每用1%豆饼代替玉米，则可提高粗蛋白质0.331%。这样，我们增加1.02%（0.336/0.331）豆饼来代替玉米就能满足蛋白质的饲养标准。

第一次调整后的饲粮配方及其营养成分见表1－3。

表1-3 第一次调整后的饲粮配方及其营养成分

饲料种类	饲料比例	代谢能(兆焦/千克)	粗蛋白(%)	钙(%)	总磷(%)	蛋+胱氨酸(%)	赖氨酸(%)
鱼粉	3	0.03×11.80=0.354	0.03×60.2=1.806	0.03×4.04=0.121	0.03×2.90=0.087	0.03×2.16=0.065	0.03×4.72=0.142
豆饼	14.02	0.14×10.54=1.476	0.14×41.8=5.852	0.14×0.31=0.043	0.14×0.50=0.070	0.14×1.22=0.171	0.14×2.43=0.340
花生饼	5	0.05×11.63=0.582	0.05×44.7=2.235	0.05×0.25=0.013	0.05×0.53=0.027	0.05×0.77=0.039	0.05×1.32=0.066
玉米	53.11	0.531×13.56=7.200	0.531×8.7=4.620	0.531×0.02=0.011	0.531×0.27=0.143	0.531×0.38=0.202	0.531×0.24=0.127
碎米	10	0.1×14.23=1.423	0.1×10.4=1.040	0.1×0.06=0.006	0.1×0.35=0.035	0.1×0.39=0.039	0.1×0.42=0.042
麦麸	6	0.06×6.82=0.409	0.06×15.7=0.942	0.06×0.11=0.007	0.06×0.92=0.055	0.06×0.39=0.023	0.06×0.58=0.035
骨粉	1			0.01×29.80=0.298	0.01×12.50=0.125		
石粉	7			0.07×35.84=2.509	0.07×0.01=0.001		
食盐	0.37						
添加剂	0.5						
合计	100	11.444	16.495	3.008	0.543	0.539	0.752

第四步：平衡钙磷，补充添加剂。从表1-3可以看出，饲粮配方中的钙尚缺0.492%（3.5%－3.008%）、磷缺0.057%（0.6%－0.543%）、蛋氨酸缺0.111（0.65%－0.539%），这样可用0.46%（0.057/0.125）骨粉和0.99%［(0.492－0.46%×29.8）/0.358］石粉代替玉米，另外添加0.11%的蛋氨酸添加剂，维生素、微量元素添加剂按药品说明添加。

这样经过调整的饲粮配方中的所有营养已基本满足要求，调整后确定使用的饲粮配方见表1-4。

表1-4　最后确定使用的饲粮配方及其营养成分

饲料种类	饲料比例	代谢能（兆焦/千克）	粗蛋白（%）	钙（%）	总磷（%）	蛋+胱氨酸（%）	赖氨酸（%）
鱼粉	3	0.03×11.80=0.354	0.03×60.2=1.806	0.03×4.04=0.121	0.03×2.90=0.087	0.03×2.16=0.065	0.03×4.72=0.142
豆饼	14.02	0.14×10.54=1.476	0.14×41.8=5.852	0.14×0.31=0.043	0.14×0.50=0.070	0.14×1.22=0.171	0.14×2.43=0.340
花生饼	5	0.05×11.63=0.582	0.05×44.7=2.235	0.05×0.25=0.013	0.05×0.53=0.027	0.05×0.77=0.039	0.05×1.32=0.066
玉米	51.66	0.517×13.56=7.011	0.517×8.7=4.498	0.517×0.02=0.010	0.517×0.27=0.140	0.517×0.38=0.197	0.517×0.24=0.124
碎米	10	0.1×14.23=1.423	0.1×10.4=1.040	0.1×0.06=0.006	0.1×0.35=0.035	0.1×0.39=0.039	0.1×0.42=0.042
麦麸	6	0.06×6.82=0.409	0.06×15.7=0.942	0.06×0.11=0.007	0.06×0.92=0.055	0.06×0.39=0.023	0.06×0.58=0.035
骨粉	1.46			0.015×29.80=0.447	0.015×12.50=0.188		
石粉	7.98			0.080×35.84=2.867	0.080×0.01=0.001		
食盐	0.37						
蛋氨酸添加剂	0.11					0.110	
其他添加剂	0.39						
合计	100	11.255	16.373	3.514	0.603	0.644	0.749

15. 怎样利用计算机设计家禽的日粮配方?

随着电子工业的发展，电子计算机也被广泛应用于饲粮配方设计之中。利用电子计算机设计饲粮配方，其原理是把饲粮配方设计的计算抽象为简单目标线性规划问题，饲粮配方设计过程，就是求解相应线性规划问题最优解的过程，即利用高级计算机算法语言编出程序，将饲粮配方问题抽象成线性规划模型后，准确适当地列出输入数据，利用相应各种计算机的程序求解。在实际生产中，人们可以利用电脑公司提供的计算机软件设计日粮配方。与一般方法相比，用电子计算机设计饲粮配方有以下优点：①可以满足家禽所有营养物质的需要。利用手工设计，只能确定几种主要技术指标，计算简单的饲粮配方。使用电子计算机后，利用线性规划和计算机语言，可以将家禽饲养标准中规定的所有指标一一满足，使全面考虑营养与成本的愿望变为现实。②操作简单，快速及时。利用计算机设计日粮配方，全部计算工作都由计算机完成，且速度相当快，仅需几分钟。计算内部程序固定化，操作起来极为简单。③可计算出高质量、低成本的日粮配方。利用计算机设计出来的日粮配方都是最优化的，它既保证原料的最佳配比，又追求最低成本，这样可充分利用饲料资源，提高饲料转化率，获取最大的经济效益。④提供更多的参考信息。计算机不仅能设计日粮配方，还有进行经济分析，经营决策，生产管理，市场营销，信息反馈等多种非常重要的作用。

16. 什么是预混料？使用预混料应注意哪些问题?

预混料是采用不同种类的饲料添加剂，按照某种特定配方而制作的匀质混合物。这里所采用的饲料添加剂包括维生素添加剂、微量元素添加剂等。

目前国内养禽生产，尤其是肉鸡生产，绝大多数是一条龙生产，饲料由作为龙头的厂家供给，不需要自己配制。但也有一些产品直接面向市场上的小型养禽场和个体户，他们在为降低饲养成本而自己配制全价饲料时，乐于使用预混料。因为这样既省去了为满足家禽生理需要而选择购买各种维生素、微量元素添加剂的烦恼，也避免了因这些原料用量过少而导致购买的包装规格较大的原料的积压、浪费，从而可实现配合日粮营养全价、成本低廉的目标。

在使用预混料时，应注意以下几点：①要选择质量可靠的厂家。②要选择适当浓度和对应饲养阶段的预混料。③要准确计算用量，妥善保存，避免因长时间积压造成某些成分变化而失去全价性。④在配合饲料时，要混拌均匀。

17. 什么是浓缩料？使用浓缩料应注意哪些问题？

浓缩料是由蛋白质饲料、维生素、矿物质及其他营养性添加剂所组成，它不包括占饲料60%～80%的谷物饲料（能量饲料），特别适合有广泛谷物饲料来源的地区使用，因为这样可减少很大一笔运输费用。降低了生产成本。

在使用浓缩料时，应注意以下几点：①选好厂家。目前生产浓缩料的厂家很多，假冒伪劣产品时有出现，所以要选择信誉好的厂家，避免上当受骗，要从正规渠道购进。②选好规格型号。浓缩料种类很多，不同生产阶段有不同的浓缩料，如30%、20%等，购买时一定要看好说明书，按说明书要求的比例、品种，适量添加，千万不要弄错。③适量购买，注意保管。购买时要看好生产批号，注意生产日期和有效期。根据存栏数，计算出需要的购买量。浓缩料中维生素与微量元素是经过特殊处理之后混合在一起的，超过有效期后，维生素会发生严重损失，引起家禽维生素缺乏症，严重时会造成死亡。所以一次购买量不宜过多，要确保在有效期内用完。④与填充料混合均匀。这一点非常重要，因为只有充分混匀后，才会使每只家禽采食到等量的营养，满足家禽生长的需要。否则一方面营养浪费，另一方面营养不足，造成了不应有的损失。

18. 拌料时，怎样把多种饲料混合均匀？

饲粮使用时，要求家禽采食的每一部分饲料所含的养分都是均衡的，相同的，否则将使家禽产生营养不良、缺少症或中毒现象，即使你的日粮配方非常科学，饲养条件非常好，仍然不能获得满意的饲养效果。因此必须将饲料搅拌均匀，以满足家禽的营养需要。饲料拌和有机械拌和与手工拌和两种方法，只要使用得当，都能获得满意的效果。

（1）机械拌和 采用搅拌机进行。常用的搅拌机有立式和卧式两种。立式搅拌机适用于拌和含水量低于14%的粉状饲料，含水量过多则不易拌和均匀。这种搅拌机所需要的动力小，价格低，维修方便，但搅拌时间较长（一般每批需10～20分钟），适于小型养禽场使用。卧式搅拌机在气候比较潮湿的地区或在饲料中添加了粘滞性强的成分（如油脂）的情况下，都能将饲料搅拌均匀。该机搅拌能力强，搅拌时间短，每批3～4分钟，主要在一些饲料加工厂使用。

（2）手工拌和 这种方法是家庭养禽时饲料拌和的主要手段。拌和时，一定要细心、耐心、防止一些微量成分打堆、结块、拌和不均、影响饲用效果。

手工拌和时特别要注意的是一些在日粮中所占比例小但会严重影响饲养效果的用量较小成分，如食盐和各种添加剂。如果拌和不均，轻则影响饲养效果，严重时会造成家禽生病、中毒，甚至死亡。对这类微量成分，在拌和时首先要充分粉碎，不能有结块现象，块状物不能拌和均匀，被家禽采食后有可能发生中毒。其次，由于这类成分用量少，不能直接加入大宗饲料中进行混合，而应采用预混合的方式。其做法是：取10%～20%的精料（最好是比例大的能量饲料，如玉米、麦麸等）作为载体，另外堆放，将后一锹饲料压在前一锹放下的饲料上，即一直往饲料顶上放，让饲料沿中心点向四周流动成为圆锥形，这样可以使各种饲料都有混合的机会。如此反复 3～4 次即可达到拌和均匀的目的，预混合料即制成。最后再将这种预混合料加入全部饲料中，用同样方法拌和 3～4 次，即能拌和均匀。

手工拌和时，只有通过这样多层次分级拌和，才能保证配合日粮品质，在原地翻动或搅拌饲料的方法是不可取的。

19. 怎样保管好饲料？

由于家禽代谢旺盛，生长迅速，其采食的配合饲料都是高能量高蛋白的全价配合饲料。如果保管不当，很容易发生霉变，造成饲料浪费或家禽中毒现象。因此，饲料应储存在阴凉干燥、无阳光直射的地方，以免饲料中的维生素在阳光或高温作用下效价降低或失效。为了防止霉变，要将饲料放在通风的地方，最好不与地面直接接触，可用木头或其他东西先垫一下，然后再放饲料，但也不要码得太高，在梅雨季节或三伏天时，潮湿不通风的条件下霉菌会大量繁殖，一定要做好饲料的防霉工作。因为饲料一旦霉变后就不能饲喂家禽，否则就会造成极大损失。另外，进料要有计划，做到先进先吃，后进后吃，以免保存期过长，降低维生素的效价。保存饲料的库房，应防止野禽进入，要有网子罩在窗户上，还要有防鼠害的措施。农户养禽，一定要把饲料与农药分开保管。在饲料运输中要防止雨淋受潮，雨淋后饲料极易发生霉变。

第二篇　家禽孵化技术

20. 什么是种蛋？怎样进行种蛋的选择、保存、运输和消毒？

凡用作孵化的禽蛋，称之为种蛋。种蛋在孵化前，要认真做好选择、保存、运输和消毒工作。

（1）种蛋的选择　种蛋品质的好坏，直接影响孵化成绩，而且还影响到以后雏禽的成活率和成禽的生产性能。因此，在孵化前对种蛋必须进行严格的选择。①种蛋来源：种蛋应来源于高产、健康无病的禽群，受精率应在85%～95%。千万不能在发生过禽流感、新城疫、禽霍乱、马立克氏病等传染病的禽群选留种蛋。②新鲜度：种蛋贮存期短、新鲜，则孵化率高，雏禽体质也好。种蛋保存的时间，视其气候和保存的条件而定。③蛋壳质量：蛋壳的组织结构要细致、厚薄适中，砂皮、砂顶、腰鼓蛋都要剔除。④蛋形：应选择卵圆形蛋。凡过长、短圆、锤把形、两头尖的蛋均要剔除。⑤洁净度：蛋面必须清洁，具有光泽，蛋面粘有粪便、污泥、饲料、蛋黄、蛋白、垫料等的蛋均应剔除。⑥内部品质：用光照透视，应气室小、蛋黄清晰、蛋白浓度均匀、蛋内无异物。蛋黄流动性大、蛋内有气泡、偏气室、气室移动的蛋都要剔除。

（2）种蛋的保存　种蛋应妥善保存，否则质量下降很快，必然影响孵化效果。种禽场应有专门的房舍保存种蛋。保存种蛋的温度不要过高或过低，以8～18℃为宜。为减少蛋内水分蒸发，室内相对湿度应在75%～80%为宜。还应注意通风，使室内无特殊气味。种蛋的保存时间，春秋季节不超过 7 天，夏季不超过 5 天，冬季不超过 10 天。保存一周内不用翻蛋，超过一周则每天要以 45 度角翻蛋 1～2 次，防止发生粘壳现象。

（3）种蛋的运输　运输种蛋，最好用专门的蛋箱包装。如用压型蛋托，每个蛋托上放 30 个种蛋，左右各 6 个蛋托，一箱共装 360 个种蛋。如无压型蛋托，箱中应有固定数量的厚纸隔，将每个蛋、每层蛋分隔开来，并装填充料如草屑等。若无专用蛋箱，也可用木箱、纸箱或箩筐，但应在蛋与蛋之间、层与层之间用清洁的碎纸或稻草隔开，填实。装蛋时钝端朝上竖放，因为蛋的纵轴抗压力大，不易破碎。运输的车、船应清洁卫生，通风透气，防雨防晒，在运输途中切忌震动。

（4）种蛋的消毒　刚产下来的蛋，尽管表面清洁光滑，但表面也附着许多微生物。这些微生物，在蛋面污染、温度适宜、湿度较大时，就会迅速繁殖。虽然蛋壳表面有一层保护膜，大量微生物仍可侵入蛋内影响种蛋孵化率和雏禽质量。特别是白痢、支原体病等传染病，很容易通过种禽传染给雏禽。为了提高种蛋孵化率和雏禽成活率。一般在种蛋产后和孵化前各进行一次消毒，常用的消毒方法有：①福尔马林熏蒸消毒法：采用此法首先要算出孵化器（或种蛋消毒室）的容积，按每立方米用福尔马林（即 40％的甲醛原液或工业用甲醛）30 毫升，高锰酸钾 15 克的药量准备好药物。消毒前将孵化器内的温度调至 25～27℃，相对湿度保持在 75％～80％，再把称好的高锰酸钾预先放在一个瓷容器内，容器的大小应为福尔马林用量的 10 倍以上。将容器放在孵化器的底部中央，然后按用量加入福尔马林，两种药混合后即产生甲醛气体，关闭孵化器机门及通风孔，熏蒸 30 分钟即可。②高锰酸钾溶液消毒法：用高锰酸钾加水配制成 0.01％～0.05％的水溶液（呈浅紫红色），置于大盆内，水温保持在 40℃左右，然后将种蛋放入盆内浸泡 3 分钟，并洗去蛋壳上的污物，取出晾干即可。③新洁尔灭消毒法：用 5％新洁尔灭原液加水 50

倍至100倍，配成0.05％～0.1％浓度的水溶液，向种蛋进行喷洒或将种蛋放入40～50℃的溶液中浸泡3分钟。④紫外线消毒法：在离地面约1米高处安装40瓦紫外线灯管，对种蛋照射10～15分钟即可。

种蛋消毒后放入蛋盘，蛋应直立或稍倾斜放置，钝端朝上，排列整齐，事先将蛋盘推入架上，置于25～27℃温室内预温6～8小时，最好一齐入孵，这样不仅种蛋入孵后升温较快，而且胚胎发育均匀一致。

21. 种蛋为什么要预热？怎样预热？

（1）种蛋预热的优点　①能增强胚胎的生活力。因为种蛋入孵前贮存于库房中，在温度较低、湿度较大的环境条件下，胚胎处于休眠状态，若将种蛋由低温直接进入孵化的高温环境中（37～39.5℃），对胚胎的刺激太大。如果经过预热，使种蛋的温度由低温缓缓进入高温，使胚胎慢慢复苏，对胚胎的发育极为有利。②有利于连续孵化。种蛋经预热后装入孵化机，避免孵化机温度大幅度下降，不至于使其他批次的种蛋胚胎因低温而影响正常发育，从而保证了连续孵化温度的稳定性。③有利于熏蒸消毒。种蛋经过预热，可避免种蛋表面凝结水珠，有利于对种蛋进行熏蒸消毒。

（2）种蛋预热方法　①若手工孵化，通常采用的方法，是将种蛋装在竹筛或塑料筐内，放入45～50℃的温水锅中。浸泡5～6分钟，提高蛋温，然后入孵。②若机械孵化，可将种蛋上盘，放入蛋盘架上，室内维持在22～24℃，放置12～24小时进行增温。

22. 什么叫家禽的孵化期？其时间长短受哪些因素的影响？

家禽胚胎在孵化过程中发育的时期称为孵化期。鸡、鸭、鹅的孵化期分别为21天、28天和30～31天，但胚胎发育的确切时间受许多因素的影响，而孵化期过长或过短对孵化率和雏禽品质都有不良影响。

（1）经济类型　蛋用型品种孵化期短于肉用型品种。

（2）品种　品种不同，出雏时间有一定差异。

（3）蛋形大小　一般小形蛋孵化时间要短于大形蛋。

（4）种蛋贮存时间　种蛋贮存时间愈长，孵化率愈低，出雏时间延长。

（5）孵化温度　孵化温度较高，则孵化期缩短，反之孵化期则延长。

23. 什么是孵化制度？它包括哪些内容？

用电器孵化或手工孵化如火炕、摊床孵化等，虽然孵化形式不同，但都有一定的科学规律性，具备一定的操作规程，在生产实践中，任何人不能改变，这就是孵化制度。

（1）温度　机器孵化量大，分批入，分批出，或初搞孵化经验不足，一般采用恒温孵化比较稳妥，保持孵化温度37.8℃（100℉）。

如机器孵化全进全出，或火炕、摊床等孵化，多采用变温孵化，在不同时期采取不同的孵化温度。

（2）湿度　孵化期间相对湿度为60%，出雏时提高到70%左右。

（3）翻蛋　机器孵化每两小时翻蛋一次，其他孵化方式每4～6小时翻蛋一次。

（4）晾蛋　冬季、早春、晚秋每天晾蛋一次；晚春、早秋、夏季每天晾蛋2～3次。

（5）通风换气　保持室内、机内空气新鲜，防止刺激性气体存在。

（6）照蛋　头照（5～6天），检出无精蛋、死胚蛋、破蛋，调整蛋盘，计算种蛋受精率；二照（鸡在 11 天，鸭、鹅在 15～16 天，一般为抽查照蛋），检出死胚蛋，观察胚胎发育情况，以便调整孵化温度；三照（出雏前 2～3 天），检出死胚蛋，即行落盘。

（7）落盘 孵化至出雏前 2～3 天，蛋内气室见斜口即可落盘。

（8）出雏 开始 3～4 小时拣一次雏，出雏高峰时 2～3 小时拣一次。现代大型孵化机结构设计科学，机内孵化温度调整精细，温差很小，若种蛋整齐，出雏时间集中，可在出雏结束后一次拣雏。

（9）扫摊 出雏结束后，打扫卫生、消毒，计算孵化成绩。

24. 在孵化过程中，怎样掌握孵化温度？

温度适宜是胚胎发育的首要条件，只有保持合适的孵化温度才能确保胚胎正常的物质代谢和生长发育。适宜的孵化温度是 37.0～39.5℃，孵化温度过高或过低都会影响胚胎发育，严重时会造成胚胎死亡。孵化温度高，则胚胎发育快，出壳时间提前，雏禽软弱，如果孵化温度高于 42℃，经过 2～3 小时会造成胚胎的全部死亡。温度不足胚胎发育迟缓，如果低于 24℃，经 30 小时胚胎即全部死亡。在孵化过程中，除根据孵化设备、入孵日龄和温度计显示外还要按照胚胎的发育规律，通过照蛋对孵蛋进行生物学检查。根据胚胎的实际发育情况，适当调整孵化温度，这就是“看胎施温”。例如，鸡蛋在正常情况下，在孵化 5 天照蛋可以看出明显的“眼点”，血管布满蛋整个正面的 4/5。如果第 5 天照蛋还看不清胚胎的眼点，血管范围仅占蛋正面的 3/4 以下，则说明温度偏低。反之，胚胎的眼点第 4 天抽查验蛋时清晰可见，第 5 天血管几乎布满整个蛋正面，则说明温度偏高。再如孵化 10～11 天时，正常的种蛋，在适宜的温度等条件下，尿囊血管颜色加深，并在蛋的锐端汇合，俗称“合拢”。在第 10～11 天验蛋，如果有70%的胚胎尿囊血管已合拢，则说明胚胎发育正常。如果在第9天抽查验蛋，大部分鸡胚的尿囊血管已合拢，则说明温度偏高，若不采取降温措施，将会提前出雏，但出雏的时间拖长，弱雏较多，有些胚胎呈现“白屁股”（胚胎局部蛋白质变性）。反之，如果在第12天抽查验蛋，大部分鸡胚尿囊血管还未合拢，则说明温度偏低，若不提高温度，孵化结果是孵化期延长，雏鸡体大腹软，四肢无力，死胚增加。因此，在孵化过程中，应随时掌握胚胎发育情况，及时调整孵化温度，看胎施温，这样才能确保21天孵出鸡，出好雏。

25. 在孵化过程中，怎样掌握孵化湿度？

湿度也是孵化的一个重要条件。虽然家禽胚胎对湿度的适应范围较广，要求不像对温度那么严格，但孵化器和孵化室内必须维持一定的湿度，才能保证胚胎的正常发育。如果湿度过大，会阻止蛋内水分的正常蒸发，影响胚胎的发育，孵出的雏鸡肚子大，没精神，也不易成活。若湿度不够，蛋内水分蒸发过多，胚胎和胎膜容易粘在一起，影响新陈代谢的正常进行和胚胎的正常发育，并影响出雏，雏禽体小而干瘦，毛短，毛稍发焦，难以饲养。因此，在孵化过程中。根据胚胎发育阶段施加不同的湿度，总的原则是“两头高，中间低”。孵化初期（鸡在孵化1～6天），胚胎形成羊水和尿囊液，需要较高的温度；同时湿度也要偏高，相对湿度宜维持在65%～70%；中期（鸡在孵化7～19天），为便于羊水和尿囊液的排除，相对湿度应降至50%～55%；后期（鸡在孵化20～21天），为便于雏禽出壳，防止绒毛粘在蛋壳上出雏困难，湿度应增加到65%～70%为宜。

湿度大小，可通过增减水盘和水温来调节。孵化室的空气湿度也会影响到孵化器内的湿度，孵化室内相对湿度应保持在60%左右。湿度不够时，在地面洒水，冬天洒温水，夏天洒凉水；湿度过高时，加强室内通风，使水分散发。

26. 在孵化过程中，怎样进行通风换气？

通风换气的目的是排出孵化器内的污浊气体，换进新鲜空气，有利于胚胎的气体代谢，促进其正常发育。如果通风不良，孵化器内的二氧化碳含量达到1%时，则会造成胚胎发育迟缓、胎位不正或畸形，或引起胚胎中途死亡。

通风量大小要根据胚胎发育阶段而定，孵化初期，胚胎需要氧气不多，此时孵化机通风孔打开一点即可，一般孵化的头几天，每天换气两次，每次3小时。孵化中后期，胚胎代谢旺盛，需要氧气和排出二氧化碳增多，通气量应加大。一般是孵化7天后，或者连续孵化，孵化机内有各期胚胎，应打开进、出气孔，持续进行通风换气。尤其当机内的种蛋胚胎即将破壳出雏的状况下，更应持续换气，否则易闷死雏禽。此外，孵化室内也要注意通风。

采用其他孵化方式，胚胎直接暴露于室内空气之中，应注意孵化室内的通风换气，保持室内空气新鲜。

27. 在孵化过程中为什么要翻蛋？怎样翻蛋？

翻蛋的目的在于变换胚胎的位置，使胚胎受热均匀，防止胚胎与蛋壳粘连，促进胚胎活动，提高胚胎生命力。通过翻蛋还可以增加卵黄囊血管、尿囊血管与蛋黄、蛋白的接触面积，有助于胚胎营养的吸收。

翻蛋次数与温差有关，当机内温差在0.28℃之内时，每昼夜翻蛋4～6次即可；如果温差在±0.55℃（1 ℉）时，翻蛋次数要增加到每2小时一次。有自动翻蛋装置的孵化机每1～2小时翻蛋一次为好。翻蛋角度要大，一般不小于90°。如果用火炕、平箱、摊床、电褥子等孵化方法，根据蛋温确定翻蛋次数，一般每4小时翻蛋一次，如刚入孵后1～2天内，蛋温偏高，可每2小时翻蛋一次。

翻蛋方法：民间土法孵化，就是将上层蛋翻到下层，下层蛋翻到上层；边缘蛋翻到中央，中央蛋翻到边缘。翻蛋时，孵化室温度要提高到 27～30℃，电孵机孵化的，翻蛋只转换蛋盘的角度即可。

28. 在孵化过程中为什么要照蛋？怎样照蛋？

照蛋又称验蛋，即用照蛋器的灯光透视胚胎的发育情况和蛋的内部品质。种蛋入孵后，在整个孵化过程中，一般照蛋 3 次，也可 2 次。

第一次为头照：在禽蛋入孵后第 5～7 天进行，主要目的是观察种蛋受精情况，检出无精蛋、死胚蛋、破壳蛋等。发育正常的胚胎，血管粗大，分枝多，颜色鲜红，蛋黄下沉，胚胎眼点明显；发育弱的胚胎（弱精蛋），血管纤细，色淡，血管网扩散面小，但可清楚地看到胚胎；无精蛋，俗称“白蛋”，整个蛋光亮、透明，什么也看不见，只能看到蛋黄的影子；死胚蛋，呈现不规则的血圈或血线，胚胎很小，有时呈现黑点。

第二次照蛋：一般在入孵后 11～12 天进行（鸭、鹅蛋在 15～16 天），主要是判断温度是否合适。

第三次照蛋：入孵后 18～19 天进行（鸭蛋在 25 天、鹅蛋在 28 天），主要结合落盘检查胚胎发育是否正常。发育正常的胚胎，蛋的钝端气室边缘呈波浪状，气室下血管明显，锐端有黑影，胚胎闪动，用手摸发热，死胚蛋靠近气室边缘颜色灰暗，血管模糊不清，用手摸发凉。）

照蛋时，为了不影响胚胎发育，室温升高到 28～30℃，照蛋操作力求快、准、稳、安全。

29. 在孵化过程中为什么要凉蛋？怎样凉蛋？

凉蛋的主要目的是散发多余的热量，调节温度，防止孵蛋超温。胚胎发育到中、后期，胚体增大，代谢加强，产生大量的热量，若温度偏高，对胚胎发育不利。只有通过凉蛋，调节机内空气，降低机温，排出机内污浊气体，让胚胎得到更多的新鲜空气，才能促进胚胎代谢，增强家禽胚胎的活力。

凉蛋的时间和方法：根据孵化方法、日期及季节而定。如果是早期胚胎及寒冷季节，不宜多凉或不凉；后期胚胎或在夏季，应多凉。因为早期胚胎本身产热量少，寒冷季节凉蛋时间过长容易使胚胎受凉，在这种情况下，一般每天凉蛋1～2次，每次时间5～15分钟。后期胚胎产热多，夏季气温又高，每天凉蛋2～3次，每次时间30～40分钟。

如果采用火炕、平箱、摊床等孵化方式，可增减覆盖物或结合翻蛋进行凉蛋。

凉蛋时可用眼皮试温，即贴眼皮，稍感微凉（30～33℃）即可停止凉蛋。

30. 家禽常用的孵化方法有哪些?

家禽的孵化分自然孵化和人工孵化。所谓自然孵化即老母鸡抱窝，过去农村一直沿用这种方法。自然孵化的孵化数量小，孵化时间主要依据抱窝鸡而定。随着现代鸡种的选育，生产性能的迅速提高，现代鸡种的就巢性已被逐渐淘汰，靠老母鸡抱窝进行后代繁衍早已成为过去。人工孵化就是人为地创造适宜家禽孵化的条件而进行的孵化，包括机器孵化和手工孵化。手工孵化法有火炕孵化法、电褥子孵化法、塑料热水袋孵化法等。

31. 怎样利用孵化器孵鸡、鸭、鹅?

使用孵化机孵鸡、鸭、鹅，是一项技术性很强的工作，孵化人员必须经过严格训练，才能熟练掌握孵化技术。

（1）孵化前的准备　①制订孵化计划：首先根据设备条件、孵化能力、种蛋供应、雏禽销售信息等情况，周密、妥善考虑，编制适宜的孵化计划。同时安排好孵化工作人员及勤杂人员。②孵化室、孵化机的消毒：入孵前一个星期，在检修机械各部位的同时，要对孵化室和孵化机进行清理消毒。室内屋顶、地面、各个角落都要清扫干净，机内刷洗干净后，用高锰酸钾、甲醛熏蒸消毒，或与入孵种蛋一起消毒。③检查蛋盘：检查蛋盘框是否牢固，铁丝是否有脱位、弯曲、折断等现象，蛋盘必须逐个仔细检查。④机体检查：反复开、关机门，仔细观察是否严密，机体四壁、上顶、底板是否因受潮变形或开缝，如有毛病要及时修补。⑤校正检修机器：在孵化前一周，要检查电孵机各部件安装是否妥当、牢固，各电器系统是否接好、灵敏、准确。检测温度计准确度的方法：将体温计与孵化用温度计插入 38℃温水中，观察温差，如温差超过 0.5℃以上，更换或用胶布贴上差度标记。接通电源，扳动电热开关，观察供温、供湿、警铃等系统的接触点，看是否接触失灵。调节控温、控湿水银导电温度计至所需温度、湿度。还要检查电机及传动系统是否正常，风扇皮带是否松弛，翻蛋装置是否安装牢固。上述部分均无问题，要试机运转1～2天，一切正常后再正式入孵。

（2）孵化期管理　①种蛋入孵：装盘后的种蛋，经过预热、消毒即可入孵。为使种蛋码盘后很快达到孵化温度，种蛋应在入孵前 12 小时左右装入蛋盘中，移入孵化室内预热，然后将蛋盘装入孵化机内的蛋架，经熏蒸消毒后开机孵化，要注意保持蛋架的平衡，防止蛋车翻倒。开孵时间最好安排在下午 4 点以后，这样大批出雏的时间正好是白天，便于出雏操作。一般立体孵化机每 5～7 天入孵一次，可在同一台孵化机内进行多批次孵化。为了便于区别，在分批上蛋时，每次上的蛋盘要记上特殊显眼的标记，并使各批入孵的蛋盘一套间一套地交错放置，这样“新蛋”和“老蛋”能相互调节温度，既省电，孵化效果又好。②温度调节：温度经过设定之后，一般不要轻易变动。刚入孵时，由于开门放蛋，散失部分热量，种蛋和蛋盘又要吸收部分热量，而使孵化机内温度骤然下降，这是正常现象，过一段时间会逐渐恢复正常。在孵化期间，要时常注意孵化温度的变化。当温度偏离给温要求0.5℃以上时，就应进行调节。每次调节的幅度要小，逐步调至机内温度允许波动的范围内。当整批孵化采用“前高、中平、后低”的孵化温度时，逐渐降温也应遵循小幅度调节的原则。孵化机内的温度要每隔半小时观察1次，每隔2小时记录1次。③湿度调节：将干湿球温度计放置在孵化机内，工作人员通过机门玻璃窗观察了解机内的相对湿度、如果机器没有调湿装置，湿度的调节主要靠增减水盘、升降水温等措施。当湿度偏低时，应增加水盘，提高水温，加速蒸发，或向孵化室地面洒水，必要时可直接喷雾提高湿度。北方的大部分地区应注意防止湿度偏低，沿海及降雨量较大的地区要注意防止湿度过高。一般每天加水一次，外界气温低时应加温水。④通风与翻蛋：如孵化器没有自动通风装置，应采取人工通风。一般入孵后第一天可不进行通风，但从第二天起就要逐渐开大风门，增加通风量，夏季高温高湿，机内热量不易散出，应增大通风量。在孵化时，每2小时翻蛋一次，并记住翻蛋方向，注意手工翻蛋要“轻、稳、慢”。目前生产中使用的立体孵化器均有自动通风系统和翻蛋装置，因而省去了不少麻烦。⑤照蛋：一般于孵化第5～7天和第18～19天（鸭在第25天，鹅在第28天）进行两次照蛋，也可在孵化第11～12天（鸭、鹅在第15～16天）再进行抽查照蛋，以便及时检出无精蛋和死胚蛋，并观察胚胎的发育情况。在进行照蛋时，要提高孵化室温度，尽量缩短时间，要稳、准、快。⑥移盘与拣雏：在孵化第18～19天（鸭在第25天，鹅在第28天）最后一次照蛋后，剔除死胚蛋，把发育正常的活胚蛋移入出雏箱的出雏盘中准备出雏，称为移盘或落盘。移盘时间可根据胚胎发育情况灵活掌握。如发育得好，此时气室已斜口，下部黑暗，应及时移盘。如果气室边界平整，下部发红，则为发育迟缓，应稍晚些时间移盘。移盘时要轻、快，尽量缩短操作时间，以减少破蛋或蛋温下降。移盘前出雏箱内的温度要升至36.6～37.2℃，移盘后要停止翻蛋，增加水盘，提高湿度，保证顺利出雏。鸡蛋孵化满20天就开始出雏，孵至20.5天时大批出雏。当30％以上雏鸡出壳时，就可以拣出羽毛基本干了的雏鸡，同时拣出空壳，每隔4小时拣雏一次。拣雏时不要同时打开前后机门，以免出雏器内温度、湿度下降过快，影响出雏。⑦清扫与消毒：出雏完毕，必须对出雏器、孵化器、孵化室等进行清扫和消毒。出雏盘、水盘冲洗干净后放入出雏箱内，进行熏蒸消毒。⑧孵化记录：在孵化期间，工作人员要认真做好记录工作。每次照蛋后，应将检出的无精蛋、死胚蛋、破蛋的数量，以及出雏数、毛蛋数分别统计。记录填写要及时、准确，以便统计孵化成绩，为孵化工作积累经验。常用的孵化记录表见表2－1。

表2－1　孵化记录

批次	上蛋日期	种蛋来源	上蛋数量	头照				二照			三照			出雏				毛蛋数	受精蛋数	受精率（%）	孵化率（%）		备注
				合计	无精	死胚	破损	合计	死胚	破损	合计	死胚	落盘数	健雏	弱雏	死亡	出雏总数				受精蛋	入孵蛋	

32. 怎样用火炕孵鸡、鸭、鹅?

用火炕孵化鸡、鸭、鹅是我国北方民间传统的孵化方法，其设备简单，投资少，适用于农村缺电的地方。

（1）建炕　宜选择背风朝阳、保温良好的房屋作孵化室，将炕建在室内中央。火炕一般用土坯或砖砌成，炕高65～75厘米，宽180～200厘米，长度依孵化数量和房屋状况而定。炕灶烟道的搭法以好烧、炕温均匀、不倒烟为原则。炕上铺一层黄土，再铺一层麦草和席子。

（2）搭设摊床　摊床为孵化中后期放置种蛋继续孵化和出雏的地方，一般设在炕的上方，即在离炕面 1 米左右用木柱（或木棒）搭成棚架。摊床可搭 1～3 层，若搭 2 层或 3 层，两层间的距离以作业不碰头为宜。摊床上用秫秸（高粱秸）铺开，再铺稻草或麦秸，上面铺苇席或棉被。摊床的四周用木板做成围子，以防止胚蛋滚落。摊床架要牢固，防止摇晃（图 2－1）。

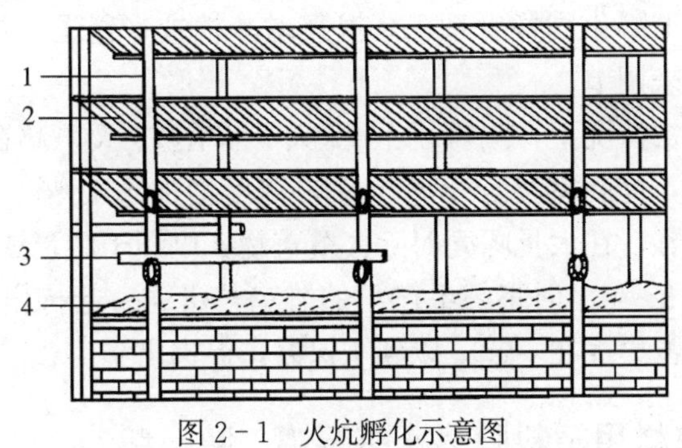

图 2－1　火炕孵化示意图

1. 支架　2. 摊　3. 脚木　4. 火炕

另外，还要准备棉被、毯子、被单、火炉、温度计、手电、照蛋器等孵化用具。

（3）孵化操作　孵化前先把炕烧热到 40～41℃，炕面温度要均匀，室温达到 25～27℃，种蛋经过选择、消毒后，用 40℃温水浸泡 5 分钟，即可上炕入孵。摆蛋的方法：钝端朝上或平放均可，摆 2 层，要摆整齐、靠紧，盖上棉被即可入孵。一般头两天炕温保持在 39℃，以后保持在 38～39℃，直到上摊。蛋间插一支温度计，以备经常检查温度。如果蛋温偏高或偏低，可用增减棉被或开闭门窗来调节。入孵第 1、2 天应特别注意观察温度变化，及时翻蛋，一般每 2～3 小时翻蛋一次，使蛋面受热均匀，胚胎发育一致；第 2 天后，炕温稳定，可 4～6 小时翻蛋一次。

翻蛋方法：即上层蛋翻至下层，下层蛋翻至上层，中央蛋翻至边缘，边缘蛋翻至中央。

湿度调节，可在墙角放一盆水，保持室内湿度在65%左右即可。

孵化5～7天，进行头照；孵化11～12天照二照（鸭、鹅在15～16天），然后把胚蛋移至摊床上继续孵化。这以后主要靠胚胎自身产生的热量和室温来维持孵化温度。上摊前，蛋温应提高到39℃，以免上摊后温度下降幅度太大，影响孵化效果。摊床上与火炕上孵化同样管理，蛋温靠增减棉被（毯子、被单）、翻蛋、凉蛋来调节。

在正常情况下，鸡孵化至19天（鸭在25天，鹅在28天），停止翻蛋，提高室温至27～30℃，湿度增加到70%～75%。20天开始出雏，在大批啄壳时除去覆盖物，以利于胚蛋获得新鲜空气。每隔2～4小时将绒毛已干的雏鸡与蛋壳一起拣出，并将剩余的活胚蛋集拢在一起，以利于保温，促进出雏。

33. 怎样用塑料膜热水袋孵鸡、鸭、鹅？

用塑料膜热水袋孵化，热源方便，温度均匀，孵化效果好、且成本低，适于农户小批量生产，便于掌握应用。

（1）准备工作　首先准备好水袋和套框。水袋用市售筒式塑料膜即可，其规格为80厘米×240厘米，两端不必封口；用木板做一个长方形木框套在水袋的外面，起保温和保护水袋的作用，水袋开口搭在高出水面的框沿外，以防漏水同时便于换水。

其次是烧好火炕，做好孵化室保温工作，再准备几支温度计和湿度计及棉被2～3条。

（2）操作技术　入孵前先把炕烧热，然后把木框平放在火炕上，框底铺一层麻袋片或牛皮纸，塑料膜水袋平放在木框内。然后往袋里加40℃温水，水量使水袋鼓起12厘米左右即可。框内四周与水袋之间用棉花或软布塞上，以利于保温和防止水袋磨破。

把种蛋放入蛋盘或直接平摆于水袋上面，在蛋的中间平放一支温度计，盖上棉被即可开始孵化。塑料膜热水袋孵化模拟见图2-2。

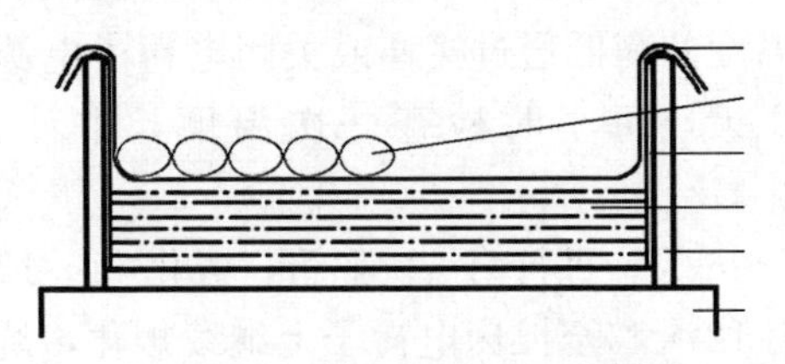

图2-2 塑料热水袋孵化模拟图

1. 塑料袋 2. 种蛋 3. 棉被 4. 水 5. 木框 6. 火炕

蛋面温度：以鸡为例，1～7天为39～38.5℃，8～18天为38.5～38℃，19～21天为37.5℃。室温保持在27℃左右。

孵化温度的掌握，主要靠往水袋里加冷、热水来适度调节。为了便于工作，从入孵当天开始，要使炕面温度保持相对稳定，这样可以延长水袋里水温的保持时间，减少加温水次数。每次换水时，先从水袋里放出一定量的水，然后加入等量的温水，使水袋里的水量保持不变。

翻蛋：每昼夜翻蛋4～6次，孵化到第19天（鸭在25天，鹅在28天），停止翻蛋，注意检查温度，准备出雏。

34. 怎样利用电褥子孵鸡、鸭、鹅？

目前农村有些地方利用电褥子孵鸡、鸭、鹅，效果较好。操作方法：用双人电褥子（规格95厘米×105厘米）两个。一个铺在火炕上（停电时可烧炕供温），炕面上先铺设2～3厘米厚的垫草，再铺上电褥子，最后铺一层薄棉被，接通电源，预热到40℃。种蛋入孵时，揭开棉被，将已消过毒、挑选好的种蛋平放在电褥子上面，四周用保温物围好，防止种蛋滑落。温度计平放在蛋中间，上面再盖上棉被，即可开始孵化。另一条电褥子放在铺有垫草的摊床上备用。

温度掌握：以鸡蛋为例，蛋面的温度，要求第 1～4 天为 40～38.5℃；第 4～11 天为 38.5℃；第 12～18 天为 38.5～37.5℃；第 19～21 天为 38～37.5℃。孵化室内温度保持在 27～30℃。温度的高低通过接通或关闭电褥子电源来调节。孵化的第 1～2 天，每小时检查一次温度，相对湿度调节在 65%～75%。

入孵后 5～6 天，进行第一次照蛋，孵化 11～12 天，进行第二次照蛋。第 12 天移至摊床电褥子上继续孵化，炕上的电褥子再孵新蛋。每次可孵化种蛋 400～500 个。

在孵化过程中，前 1～2 天，每两小时翻蛋一次，第 3 天温度稳定后，可间隔 4～6 小时翻蛋一次。孵化后期蛋温偏高时，可用翻蛋、凉蛋的办法来调节。孵化到第 17 天，注意室内通风换气，特别在出壳时要保持室温 27～30℃，室内要有新鲜空气和适宜的湿度，为胚胎发育提供良好的环境条件。

35. 怎样鉴别初生雏公母？

（1）雏鸡的雌雄鉴别　①羽色鉴别：利用初生雏鸡绒毛颜色的不同，直接区别雌雄。如：褐壳蛋鸡品种伊莎褐、罗斯褐、海兰褐、尼克红、罗曼褐等都利用其羽色自别雌雄。用金黄色羽的公鸡与银白色羽的母鸡杂交，其后代雏鸡中，凡绒毛金黄色的为母雏，银白色的为公雏。②羽速鉴别：控制羽毛生长速度的基因存在于性染色体上，且慢羽对快羽为显性。用慢羽母鸡与快羽公鸡杂交，其后代中凡快羽的是母鸡，慢羽的是公鸡。区别方法：初生雏鸡若主翼羽长于覆主翼羽为母雏；若主翼羽短于或等于覆主翼羽则为公雏。③翻肛鉴别：左手握雏鸡，用中指和无名指轻夹雏鸡颈部，用无名指和小指夹雏鸡两脚，再用左拇指轻压腹部左侧髋骨下缘，借助雏鸡的呼吸，让其排粪。然后以左手拇指靠近腹侧，用右手拇指和食指放在泄殖腔两旁，三指凑拢一挤，即可翻开泄殖腔。泄殖腔翻开后，移到强光源（60 瓦乳白色灯泡）下，可根据雏鸡生殖突起的大小、形状及生殖突起旁边的八字形皱襞是否发达来区别公母（表 2－2）。翻肛鉴别初生雏鸡的整个操作过程动作要轻、快、准。用此法鉴别雌雄，适宜的时间是在出壳后 2～12 小时内进行，超过 24 小时，生殖突起开始萎缩，甚至陷入泄殖腔深处，难以进行鉴别。

表 2－2　初生雏鸡生殖突起的形态特征

性别	类　型	突起生殖	八字皱襞
雌雏	正常型	无	退化
	小突起	突起较小，不充血，突起下有凹陷，隐约可见	不发达
	大突起	突起稍大，不充血，突起下有凹陷	不发达
雄雏	正常型	大而圆，形状饱满，充血，轮廓明显	很发达
	小突起	小而圆	比较发达
	分裂型	突起分为两部分	比较发达
	肥厚型	比正常型大	发达
	扁平型	大而圆，突起变扁	发达，不规则
	纵　裂	尖而小，着生部位较深，突起直立	不发达

（2）雏鸭、雏鹅的雌雄鉴别　初生的雏鸭和雏鹅的性别鉴定比较容易。因鸭鹅均有外部生殖器，呈螺旋形，翻转泄殖腔时即可拨出。养殖人员创造的触摸方法，从雏鸭肛门上方开始，轻轻夹住直肠往肛门方向触摸，如有肛门上方稍微感到有突起物即为雏鸭的阴茎，可判断为公雏，如手指感到平滑没有突起，就是母雏。这种方法不需翻泄殖腔、操作简便，但操作人员需要有一个熟练过程。

第三篇　鸡的饲养管理

36. 怎样划分生长鸡的养育阶段?

根据鸡的生长发育规律和饲养管理上的特点，可将生长鸡的培育过程大致分为育雏期和育成期。幼鸡从出壳到离温前需要人工给温的阶段称为育雏期，这一阶段的幼鸡称为雏鸡或幼雏，一般所指的育雏期为0～6周龄。从脱温后到产蛋前这一阶段称之为育成期，此阶段的青年鸡称为育成鸡，留作种用的叫后备鸡，一般所指的育成期为7～20周龄，种用鸡为7～22周龄。

37. 雏鸡有哪些生理特点?

（1）雏鸡体温调节机能不完善，既怕冷又怕热　鸡的羽毛有防寒作用并有助于体温调节，而刚出壳的雏鸡体小，全身覆盖的是绒羽且比较稀短，体温调节机能差。当环境温度较低时，雏鸡的体热散发加快，导致体温下降和生理机能障碍；反之，若环境温度过高，因鸡没有汗腺，不能通过排汗的方式散热。因此，在育雏时要有较适宜的环境温度，刚开始时须供给较高的温度，第2周起逐渐降温，以后视季节和房舍设备等条件于4～6周龄脱温（即不再人工加温）。

（2）雏鸡生长发育快，短期增重极为显著　在鸡的一生中，雏鸡阶段生长速度最快。蛋用型雏鸡的初生重量为40克左右，2周龄时增加2倍，6周龄时增加10倍。因此，在供给雏鸡饲料时既要力求营养完善，又要充足供应，这样才能满足雏鸡快速生长发育的需要。

（3）雏鸡胃肠容积小，消化能力弱　雏鸡的消化机能尚不健全，加之胃肠道的容积小，因此在饲养上要精心调制饲料，做到营养丰富，适口性好，易于消化吸收，且不间断供给饮水，以满足雏鸡的生理需要。

（4）雏鸡胆小，对环境变化敏感，合群性强　雏鸡胆小易惊，外界环境稍有变化都会引起应激反应。如育雏舍内的各种声响、噪音和新奇的颜色，或陌生人进入等，都会引发鸡群骚动不安，影响生长，甚至造成相互挤压致死致伤。因此，育雏期间要避免一切干扰，工作人员最好固定不变。

（5）雏鸡抗病力差，且对兽害无自卫能力　雏鸡体小娇嫩，免疫机能还未发育健全，易受多种疫病的侵袭，如新城疫、马立克氏病、白痢病、球虫病等。因此，在育雏时要严格执行消毒和防疫制度，保证环境卫生。在管理上保证育雏舍通风良好，空气新鲜；经常洗刷用具，保持清洁卫生；及时使用疫苗和药物，预防和控制疾病的发生。同时，还要注意关紧门窗，防止老鼠、黄鼠狼、犬、猫等进入育雏舍伤害雏鸡。

38. 在育雏前应做哪些准备工作？

（1）育雏计划的拟定　育雏计划是指育雏批次、时间，雏鸡品种、数量及来源等。每批育雏数量应与育雏舍、种鸡舍的容量相一致。不能盲目进雏，否则数量多，密度大，设备不足，会使鸡群发育不良，死亡率增加。

（2）育雏季节的选择　在人工完全控制鸡舍环境的条件下，全年各季节都可育雏，但开放式鸡舍，由于人工不能完全控制环境，则应选择合适的育雏季节。季节不同，雏鸡所处的环境不一样，对其生长发育和成年鸡的产蛋性能均有影响。育雏可分为春雏（3～5 月份）、夏雏（6～8 月份）、秋雏（9～11 月份）和冬雏（12～2 月份），开放式鸡舍育雏以春季育雏效果最好，秋、冬季育雏次之，盛夏育雏效果最差。

（3）房舍及设备的修缮　为获得较好的育雏成绩，首先要选择好育雏舍。育雏舍的基本要求是：保温良好，能够适当调节通风换气，使舍内空气清新干燥，光照充分，强度适中。育雏前要对育雏舍进行全面检查，破损、漏风的地方要及时修好，窗户上角要留有风斗，以便通风换气。老鼠洞要堵严，灯光照度要均匀（白炽灯以40～60瓦为宜）。育雏笼、保温设备（如火炉、暖气、电热伞等）要事先准备好，食槽、饮水器等用具要准备充足，保证鸡只同时吃食和饮水。设备和用具经检查确认正常或维修后方可投入使用。

（4）育雏舍及设备消毒　育雏舍及舍内所有的用具设备应在进雏前进行彻底的清洗和消毒。先将育雏舍打扫干净，墙壁及烟道等可用3%克辽林溶液消毒后，再用10%生石灰乳刷白；泥土地面要铲去一层表土换上新土，水泥地面要充分刷洗，然后用2%～3%的氢氧化钠溶液喷洒消毒。食槽、饮水器可用2%～3%热克辽林乳剂或1%氢氧化钠溶液（金属用具除外）消毒，再用清水冲洗干净后放在阳光下晒干备用。若育雏舍密封性能好，最好是运用熏蒸消毒，将清洗晒干的育雏用具放入育雏舍，密封所有门窗，按每立方米育雏舍面积用福尔马林15毫升、高锰酸钾7.5克的剂量，先把高锰酸钾放入陶瓷器内，然后倒入福尔马林，两药接触后立即产生大量烟雾，工作人员迅速撤离，预先在地面上喷些水，提高空气的湿度可增强甲醛的消毒作用。密闭24小时以上时打开门窗通风，换入新鲜空气后再关闭待用，消毒后的鸡舍需闲置7天左右再进雏。

（5）舍内垫料铺置于网、笼安装　地面育雏需要足够的优质垫草，才能为雏鸡提供舒适温暖的环境。常用的垫料有稻草、麦秸、锯木屑等。长的垫料在用前要切短，以10厘米左右为宜。优质的垫料对雏鸡腹部有保护作用。垫料铺设的厚度一般在5～10厘米。

网上育雏时，最好先在舍内水泥地面上焊成高50～60厘米的支架，然后在支架上端铺带有坚固框架的铁丝网片，一般长 2 米，宽 1 米，网眼 1.25 厘米×1.25 厘米。带框架的铁丝网片要能稳固、平整地放在支架上，并易于装卸。网片安装完毕，底网四周用高 40～45 厘米的尼龙网或铁丝网做成围栏。

我国生产的育雏笼有半阶梯式和叠层式两种，以叠层式为主。育雏笼应在育雏前安装于舍内，经消毒后备用。

（6）饲料、药械的准备　育雏前必须按雏鸡的营养需要配制饲料，或购进市售雏鸡料，每只雏鸡应准备 1.2～1.5 千克配合料。育雏前还需备好常用药品、疫苗、器械，如消毒药、抗菌素、抗球虫药、抗白痢药、多种维生素制剂、微量元素制剂，防疫用的疫苗、注射器等。

（7）育雏人员的安排　要求育雏人员熟悉和掌握饲养品种的操作规程，了解雏鸡的生长发育规律，能识别疾病和掌握疾病防治方法。育雏人员要准备好各类记录表格。

（8）育雏舍的预温　接雏前 2 天要安装好育雏笼、育雏器，并进行预热试温工作，使其达到标准要求，并检查能否恒温，以便及时调整。若采取地面平养方式，将温度计挂于离垫料的 5 厘米处，记录舍内昼夜温度变化情况，要求舍内夜温 32℃，日温 31℃。经过 2 个昼夜测温，符合要求后即可放入雏鸡进行饲养。

39. 怎样给初生雏鸡饮水、喂料？

（1）饮水　初生雏鸡体内还残留一些未吸收完的蛋黄，给雏鸡饮水可加速蛋黄物质被吸收利用，增进食欲，并帮助饲料的消化与吸收。此外，育雏舍内温度较高，空气干燥，雏鸡呼吸和排粪时会散失大量水分，需要靠饮水来补充水分。因此，雏鸡进入育雏舍后应先饮水，后开食。

让雏鸡第一次饮水习惯上称作“开饮”。在雏鸡到达前几小时，应将水放入饮水器内，使水温与舍温接近（16～20℃）。饮水器可用塔式饮水器或水槽，乃至自做简易饮水器。饮水器数量要充足，要保证每只雏鸡至少有1.5厘米的饮水位置。饮水器或水槽要尽量靠近光源、保温伞等。其高度随雏鸡日龄增长而调整，使饮水器的边缘高于鸡背2厘米左右。

为消毒饮水，清洗胃肠，促进雏鸡胎粪排出，在最初几天的饮水中，通常可加入万分之一左右的高锰酸钾。经过长途运输的雏鸡，可在饮水中加5%左右的葡萄糖或蔗糖，以增加能量，帮助恢复体力。还可在饮水中加0.1%维生素C，让雏鸡饮用。在育雏期内中，要保持饮水终日不断。

（2）喂料　①开食：给初生雏初次喂料俗称“开食”。应把握好雏鸡开食时间，最好在孵出后12～24小时开食，经过长途运输最好不超过36小时。开食过早，雏鸡无食欲，并影响卵黄的吸收；开食过晚，会使雏鸡过多消耗体力，发生失水而虚弱，也影响以后的生长和成活。当雏鸡羽毛干后能站立活动，有60%～70%的雏鸡寻觅啄食时就应开食。开食饲料要求新鲜、颗粒大小适中（粒度为1.5～2.0毫米），便于雏鸡啄食，营养丰富且易于消化。农户常用碎玉米、碎米、碎小麦、小米等，大规模养鸡多用雏鸡混合料拌湿或直接饲用干粉料。②喂饲方法：头三天喂饲，可将饲料直接撒布在开食盘或已消毒过的牛皮纸、深色塑料布上，诱其吃食。第一次喂饲时有些雏鸡不知吃食，应采用人工引诱的办法使雏鸡学会吃食。经过2～3次训练后，雏鸡就能学会采食。笼育雏鸡不便训练，只要将饮水和开食饲料放在较醒目易啄食的地方就可以了。4～7天后应逐步过渡到使用料槽或料桶喂料。开食饲料喂养3天左右后，就应逐步改用配合料进行饲喂。喂料有两种方法：一是干粉料自由采食，二是湿拌料分次饲喂。一般大、中型鸡场和规模较大的养鸡户宜采用前一种方法，而小型鸡场和规模较小的养鸡户可采用后一种方法。第一天喂给2～3次，以后每天喂5～6次，6周以后逐步过渡到4次。

在整个育雏阶段，不论是白壳蛋鸡，还是褐壳蛋鸡或浅粉壳蛋鸡，都不限制饲喂，采取自由采食，喂料时要少喂勤添。育雏期雏鸡每饲饲料量见表3-1。

表3-1　蛋用型雏鸡饲料需要量

周龄	轻型鸡（克/只·日）	中型鸡（克/只·日）
1	7	12
2	14	20
3	22	25
4	28	30
5	36	36
6	43	43

40. 怎样给雏鸡配合日粮?

雏鸡生长发育快，代谢旺盛。以蛋用型鸡为例，2月龄体重是初生重的15倍左右。在这一时期要求给雏鸡提供的营养物质，着重注意的是日粮中蛋白质、维生素和矿物质的含量。蛋白质是雏鸡生长发育不可缺少的营养成分，除前3天外（因雏鸡卵黄没有吸收完全，还可供给雏鸡丰富的营养），雏鸡日龄愈小，对蛋白质养分的要求愈高。因此，蛋用型鸡日粮中的粗蛋白质含量在5周龄前应是20%左右，5～8周龄应含18%左右。此外，日粮中蛋白质含量除按饲养标准配制外，还应根据蛋白质的品质好坏有所增减。雏鸡日粮中还必须有足够的维生素和矿物质，维生素中与雏鸡生长发育关系密切的有维生素A、维生素D_3、维生素B_1、维生素B_2和维生素B_{12}等。若日粮中使用一定量的青饲料（或干草粉）和动物性饲料，这些维生素基本上可以满足，如仍不满足时，用多种维生素添加剂给予补充。矿物质主要考虑钙、磷和食盐的含量，微量元素常以锰、锌、碘、铁、铜和硒比较重要。一般贝壳粉（或石粉、蛋壳粉等）、骨粉等要占日粮的2%～3%，食盐占0.3%～0.5%。要精确计算日粮中总的食盐含量，以防食盐中毒。考虑饲料的来源，在土壤中缺硒的地区，要注意补硒，可在日粮中添加 10 毫克的亚硒酸钠。

综上所述，给雏鸡配合日粮时要考虑多方面因素，根据不同周龄雏鸡的营养需要（查饲养标准）和现有的饲料种类，因地因时搭配，这样才能取得较好的饲养效果。下面介绍几个育雏期使用的日粮配方（表 3-2），以供参考。

表 3-2　幼雏鸡的日粮配方

配方编号		1	2	3	4	5
饲料名称及比例（%）	玉米	62	53.4	60.1	57.5	62.8
	高粱		6.0			
	大麦		7.0			
	小麦					6.0
	麦麸	10	5.0	15.0	12.0	8.95
	豆饼	17	16.5	10.0	20.7	8.5
	国产鱼粉	9	10.0			
	进口鱼粉			10.0	5.0	9.0
	苜蓿草粉					3.0
	槐叶粉			4.0	2.0	
	骨粉	2	1.5		2.5	
	石粉		0.3			1.5
	贝粉			0.3		
	磷酸氢钙			0.4		
	食盐		0.3	0.2	0.3	0.25
营养成分	代谢能（兆焦/千克）	12.01	12.13	11.80	11.51	12.09
	粗蛋白（%）	17.8	20.3	17.5	18.7	18.0
	粗纤维（%）	3.1	2.9	3.6	3.7	3.2
	钙（%）	1.22	0.95	0.81	1.11	1.12
	磷（%）	0.91	0.73	0.77	0.6	0.75
	赖氨酸（%）	0.95	1.18	1.01	1.21	0.95
	蛋氨酸（%）	0.31	0.41	0.34	0.76	0.35
	胱氨酸（%）	0.29	0.31	0.36		0.21

41. 怎样掌握育雏温度和湿度？

（1）育雏温度的控制　适宜的温度同样也是育雏的首要条件。温度是否得当，直接影响雏鸡的活动、采食、饮水和饲料的消化吸收，关系到雏鸡的健康和生长发育。

刚出壳的雏鸡绒毛稀而短，胃肠容积小，采食有限，产热少，易散热，抗寒能力差，特别是 10 日龄前雏鸡体温调节功能还不健全，必须随着羽毛的生长和脱换才能适应外界温度的变化。因此，在开始育雏时，要保证较高的环境温度，以后随着日龄的增长再逐渐降至常温。

育雏温度是指育雏器下的温度。育雏室内的温度比育雏器下的温度低一些，这样可使育雏室地面的温度有高、中、低三种差别，雏鸡可以按照自身的需要选择其适宜温度。培育雏鸡的适宜温度见表 3-3。

表 3-3　适宜的育雏温度

周龄	室温（℃）	育雏器温度（℃）
雏 1～2 日龄	24	35
1	24	35～32
2	24～21	32～29
3	21～18	29～27
4	18～16	27～24
5	18～16	24～21
6	18～16	21～18

平面育雏时，若采用火炉、火墙或火炕等方式供温，测定育雏温度时要把温度计挂在离地面或炕面 5 厘米处。育雏温度，进雏后 1～3 天为 34～35℃，4～7 天降至 32～33℃，以后每周下降 2～3℃，直至降到 18～20℃为止。

测定室温的温度计应挂在距离育雏器较远的墙上高出地面 1

米处。

育雏的温度因雏鸡品种、气候等的不同和昼夜更替而有差异，特别是要根据雏鸡的动态来调整。夜间外界温度低，雏鸡歇息不动，育雏温度应比白天高1℃。另外，外界气温低时育雏温度通常应高些，气温高时育雏温度则应低些；弱雏的育雏温度比强雏高一些。

给温是否合适也可从观察雏鸡的动态获知。温度正常时，雏鸡神态活泼，食欲良好，饮水适度，羽毛光滑整齐，白天勤于觅食，夜间均匀分散在育雏器的周围。温度偏低时，雏鸡靠近热源，拥挤打堆，时发尖叫，闭目无神，采食量减少，有时被挤压在下面的雏鸡发生窒息死亡。温度过低，容易引起雏鸡感冒，诱发白痢病，使死亡率增加。温度高时，雏鸡远离热源，展翅伸颈，张口喘气，频频饮水，采食量减少。长期高温，将会引起雏鸡呼吸道疾病和啄癖等。

（2）育雏湿度的控制　湿度也是育雏的重要条件之一，但养鸡户不够重视。育雏室内的湿度一般用相对湿度来表示，相对湿度愈高，说明空气愈潮湿；相对湿度愈小，则说明空气愈干燥。雏鸡出壳后进入育雏室，如果空气的湿度过低，雏鸡体内的水分会通过呼吸而大量散发，不利于雏鸡体内剩余卵黄的吸收，雏鸡羽毛生长亦会受阻。一旦给雏鸡开饮后，雏鸡往往因饮水过多而发生下痢。

适宜的湿度要求：10日龄前为60%～65%，以后降至55%～60%。育雏初期，由于垫料干燥，舍内常呈高温低湿，易使雏鸡体内失水增多，食欲不振，饮水频繁，绒毛干燥发脆，脚趾干瘪。另外，过于干燥也易导致尘土飞扬，引发呼吸道和消化道疾病。因此，这一阶段必须注意室内水分的补充。可在舍内过道或墙壁上面喷水增湿，或在火炉上放置一个水盆或水壶烧水产生蒸汽，以提高室内湿度。10日龄以后，雏鸡发育很快，体重增加，采食量、饮水量、呼吸量及排泄量与日俱增，舍内温度又逐渐下降，特别是在盛夏和梅雨季节，很容易发生湿度过大的情况。雏鸡对潮湿的环境很不适应，育雏室内低温高湿时，会加剧低温时对雏鸡的不良影响，雏鸡会感到更冷，冷得发抖时易患各种呼吸道疾病；当育雏室内高温高湿时，雏体的水分蒸发和体热散发受阻，感到更加闷热不适，易患球虫病、曲霉菌病等。因此，这段时期要注意勤换垫料，加强通风换气，加添饮水时要防止水溢到地面或垫料上。

42. 在育雏舍，对雏鸡的饲养密度和通风换气有什么要求？

（1）雏鸡的饲养密度　雏鸡的饲养密度是指育雏室内每平方米地面或笼底面积所容纳的雏鸡数。饲养密度与雏鸡的生长发育密切相关。鸡群密度过大，吃食拥挤，抢水抢食，饥饱不均，雏鸡生长缓慢，发育不整齐；密度过大还会造成育雏室内空气污浊，二氧化碳含量增加，氨味浓，卫生环境差，雏鸡易感染疾病，易产生恶癖。鸡群密度过小，虽然雏鸡发育好，成活率高些，但房舍利用率降低，不易保温，育雏成本增加，经济上不合算。蛋用型鸡育雏阶段的饲养密度参见表3-4。

表3-4　不同饲养方式的饲养密度（单位：只/米^2）

周　龄	地面平养	网上平养	多层笼养
0～1	30	30	60
2～3	30	30	60
4～6	20	25	40

育雏群的大小，要根据设备条件和饲养目的而定。每群数量不宜过多，小群饲养效果较好，但太少不经济。如商品鸡育雏，可采取大群饲养，每群1 000～2 000只，甚至可达3 000～5 000只，但饲养种鸡仍以小群饲养为好，通常每群400～500只，公母雏分群饲养。

（2）育雏舍的通风换气　雏鸡虽小，生长发育却很迅速，新陈代谢旺盛，需氧气量大，排出的二氧化碳也多，单位体重排出的二氧化碳量也比大家畜高2倍以上。此外，在育雏室的温度和湿度条件下，粪便和垫料经微生物的分解产生大量的氨气和硫化氢等不良气体。育雏舍内这些气体积蓄过多，就会造成空气污浊，从而影响雏鸡的生长和健康。如育雏舍内二氧化碳含量过高，雏鸡的呼吸次数显著增加，严重时雏鸡精神萎靡，食欲减退，生长缓慢，体质下降。氨气的浓度过高，就会引起雏鸡肺水肿、充血，刺激眼结膜引起角膜炎和结膜炎，并可诱发上呼吸道疾病的发生。硫化氢气体含量过高也会使雏鸡感到不适，食欲降低等。因此，要注意育雏舍的通风换气，及时排除有害气体，保持舍内空气新鲜，使人进入育雏舍后无刺鼻、刺眼感觉。在通风换气的同时也要注意舍内温度的变化，防止间隙风吹入，以免引起雏鸡感冒。

育雏舍通风换气的方法有自然通风和强制通风两种。开放式鸡舍的换气可利用自然通风来解决。其具体做法是：每天中午12点左右将朝阳的窗户适当开启，应从小到大最后呈半开状态，不可突然将门窗大开，让冷风直吹雏鸡，开窗的时间一般为0.5～1小时。为防止舍温降低，通风前应提高舍温1～2℃，待通风完毕后再降到原来的温度。密闭式鸡舍通常通过动力机械（风机）进行强制通风。其通风量的具体要求是：冬季和早春为每分钟每只0.03～0.06立方米，夏季为每分钟每只0.12立方米。

43. 怎样安排育雏舍的光照？

育雏舍内的光照包括自然光照（太阳光）和人工光照（电灯光）两种。光照对雏鸡的采食、饮水、运动和健康生长都有很重要的作用，与成年后的生产性能也有着密切的关系。不合理的光照对雏鸡是极为有害的。光照时间过长，会使雏鸡提早性成熟，小公鸡早鸣；小母鸡过早开产。过早开产的鸡，体重轻，蛋重小，产蛋率低，产蛋持续期短，全年产蛋量不高，光照过强，雏鸡显得神经质，易惊群，容易引起啄羽、啄趾、啄肛等恶癖。而光照时间过短、强度过小，会影响到雏鸡的活动与采食，还会使鸡性成熟推迟。异常光色如黄光、青光等易引起雏鸡的恶癖。

合理的光照方案包括光照时间和光照强度两个方面。对于商品蛋鸡，应在育雏期和育成期采取人工控制光照来调节性成熟期。其具体方法如下：

(1) 光照时间　雏鸡出壳后头3天视力较弱，为保证采食和饮水，每天可采用23～24小时的光照。从第4天起，按鸡舍的类型和季节采取不同的光照方案。密闭式鸡舍，雏鸡从孵出后的第4天起到20周龄（种鸡22周龄），每昼夜恒定光照8～10小时。有条件的开放式鸡舍（有遮光设备，能控制光照时间），在制订4日龄以后的光照方案时，要考虑当地日照时间的变化。我国处于地球的北半球，4月上旬到9月上旬孵出的雏鸡，其育成后期正处于日照时间逐渐缩短的时期，故本批4日龄以后至20周龄（种鸡22周龄）均可采用自然光照，9月中旬到翌年3月下旬孵出的雏鸡，其大部分生长时期中日照时数不断增加，故本批鸡从4日龄至20周龄（种鸡22周龄）可控制光照时间，控制的方法有两种：一种是渐减法，即查出本批鸡达到20周龄（种鸡22周龄）的白天最长时间（如15小时），然后加上3小时作为出壳后第4天应采用光照时间（18小时）。以后每周减少光照20分钟，直到21周龄（种鸡23周龄）以后按产蛋鸡的光照制度给光。另一种是恒定法，即查出本批鸡达到20周龄（种鸡22周龄）时的白天最长的时间（不低于8小时），从出壳后第4天起就一直保持这样的光照时间不变，到21周龄（种鸡23周龄）以后，则按产蛋鸡的光照制度给光。

(2) 光照强度　第一周龄内应稍亮些，每15平方米鸡舍用一只40瓦的白炽灯悬挂于离地面2米高的位置即可，第二周龄开始换用 25 瓦的灯泡就可以了。

人工光照常用白炽灯泡，其功率以 25～45 瓦为宜，不可超过 60 瓦。为使照度均匀，灯泡与灯泡之间的距离应为灯泡高度的 1.5 倍。舍内如安装两排以上灯泡，应错开排列。

44. 育雏方式有哪几种？各有什么优缺点？

雏鸡从出壳到 6 周龄的这段时期叫育雏期，这个时期的饲养管理方式叫育雏方式。人工育雏按其占用地面和空间的不同可分为平面育雏和立体育雏两大类，各有其优缺点，现分别介绍如下：

（1）平面育雏　指把雏鸡饲养在铺有垫料的地面上或饲养在具有一定高度的单层网平面上的育雏方式。广大农户常采用这种方式育雏。在生产中，又将平面育雏分为更换垫料育雏、厚垫料育雏和网上育雏三种方式。①更换垫料育雏：将雏鸡养在铺有垫料的地面上，地面可以是水泥地面、砖地面、泥土地面或炕面，垫料厚 3～5 厘米并经常更换，以保持舍内清洁温暖。此方式育雏比较简单，无须特殊设备，但雏鸡与粪便经常接触，容易感染疾病，特别是易发生球虫病，且占用房舍面积较多，付出的劳动较大。更换垫料育雏的供温方式有保温伞、红外线灯、火坑、烟道、火炉、热水管等。②厚垫料育雏：这是育雏过程中只加厚而不更换垫料，直至育雏结束才清除垫料的一种平面育雏方式。其具体做法是：先将育雏舍打扫干净后，再撒一层生石灰（每平方米撒 1 千克左右），然后铺上 5～6 厘米的垫料，垫料要求清洁干燥、质地柔软，禁用霉变、腐烂、潮湿的垫料。育雏两周后，开始增铺新垫料，直至厚度达到 15～20 厘米为止。垫料板结时，可用草叉子上下抖动，使其松软。育雏结束后将所有垫料一次性清除掉。厚垫料育雏因免换垫料而节省了劳动力，且由于厚垫料发酵产热而提高了舍温；在微生物的作用下垫料中能产生维生素 B_{12}，可被雏鸡采食；雏鸡经常扒翻垫料，可增加运动量，增进食欲，促进生长发育。厚垫料育雏的供温方式有保温伞、红外线灯、烟道、火炉、热水管等。③网上育雏：其方法是将雏鸡饲养在离地面50～60厘米的铁丝网或塑料网上，网眼为1.25厘米×1.25厘米。网上育雏与垫料育雏相比，可节省大量垫料，降低育雏成本，而且雏鸡与粪便接触的机会大大减少，有利于雏鸡健康生长。其供温方式有热水管、热气管、排烟管等。

（2）立体育雏（笼育）　即将雏鸡饲养在层叠式的育雏笼内。育雏笼一般分为3～5层。电热育雏笼是采用电热加温的育雏笼具，有多种规格，能自动调节温度，一些条件较好的地方已经采用。大多数农户在立体育雏时，为降低成本，常用毛竹竹片、木条或铁丝等制成栅栏，底网大多采用铁丝网或塑料网。鸡粪从网眼落下，落到层与层之间的承粪板上，而后定时清除。供温方法可采用热水管、热气管、排烟管道、电热丝、红外线灯等。

立体育雏与平面育雏相比，其优点是能充分利用育雏舍空间，提高了单位面积利用率和生产效率；节省了垫料，热能利用更为经济；与网上育雏一样，雏鸡不与粪便直接接触，有利于对白痢病、球虫病的预防。但需投资较多，在饲养管理上要控制好舍内育雏所需条件，供给营养完善的饲粮，保证雏鸡生长发育的需要。

45. 雏鸡为什么要断喙？怎样断？

所谓断喙就是用断喙机或剪刀断掉鸡的喙端，俗称为“断嘴”。适时断喙有利于加强雏鸡的饲养管理。鸡舍通风不良，光照过强，饲养密度过大，饲粮营养不平衡特别是缺乏动物性蛋白饲料和矿物质等，均会造成鸡群出现啄羽、啄趾、啄肛等恶癖。恶癖一旦发生，需要查明原因，改善饲养管理。但最有效防止恶癖发生的措施是断喙，而且断喙还能避免雏鸡勾抛饲料，减少饲料浪费。

（1）断喙时间和方法　鸡的断喙一般进行2次，第一次断喙在育雏期内，时间安排在7～10日龄；第二次断喙在育成期内，时间在10～14周龄之间，目的是对第一次断喙不成功或重新长出的喙进行修整。大、中型鸡场的雏鸡断喙多采用专用的电动断喙器。在电动断喙器（如9QZ型脚踏式断喙机）上有一个直径为0.44厘米的小孔，断喙时将喙切除部分插入孔内，由一块热刀片（815摄氏度）从上往下切，接触3秒钟后，切除与止血工作即行完毕。操作时，鸡头向刀片方向倾斜，使上喙比下喙多切些，切除的部分是上喙从喙端至鼻孔的1/2处，下喙是喙尖至鼻孔的1/3处，形成上短下长。

没有断吸器时，对小日龄雏鸡，也可选用电烙铁进行断喙。其方法是：取一块薄铁板，折弯（折角为90度角）钉在桌、凳上，铁板靠上端适当位置钻一圆孔，圆孔大小依鸡龄而定（以雏鸡喙插入后，另一端露出上喙1/2为宜），直径约0.40～0.45厘米（图3-1）；取功率为150～250瓦（电压220伏）的电烙铁一把，顶端磨成坡形（呈刀状）。断喙时，先将电烙铁通电10～15分钟，使铬铁尖发红，温度达到800℃以上，然后操作者左手持鸡，大拇指顶住鸡头的后侧，食指轻压鸡咽部，使之缩舌。中指护胸，手心握住鸡体，无名指与小指夹住爪进行固定。同时使鸡

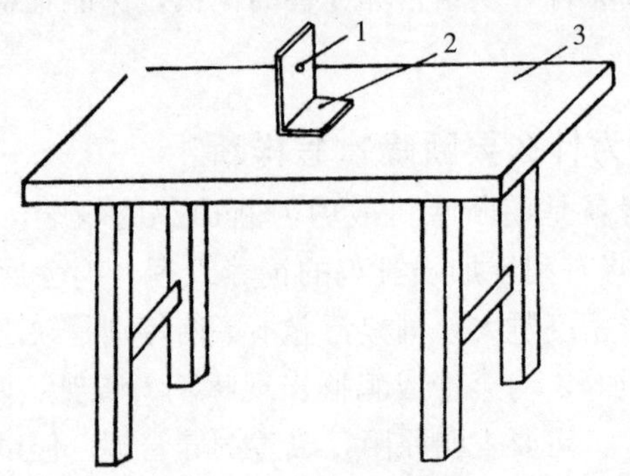

图3-1　简易断喙装置

1. 断喙孔　2. 铁板　3. 木桌

头部略朝下，将鸡喙斜插入（呈 45 度角）铁板孔内，右手持通电的电烙铁，沿铁板由上向下将露于铁板另一端的雏鸡喙部分切掉（上喙约切去 1/2，上下喙呈斜坡状），其过程应控制在 3 秒钟以内。

46. 怎样安排育雏期的投药和免疫？

雏鸡饲养的好坏，成活率的高低，除受饲养管理水平的影响外，还与疾病的防治密切相关。育雏期间鸡群的常发病和多发病主要有雏鸡白痢、大肠杆菌病、球虫病、禽流感、鸡新城疫、鸡传染性法氏囊病和其他一些呼吸道病及营养缺乏症。雏鸡的免疫与投药，应结合鸡的品种、种蛋来源、孵化场的孵化条件以及本地区经常流行的疾病等进行综合分析，科学判定，制订出合理的投药措施和免疫程序。下列的投药措施和免疫程序可供参考。一般可在雏鸡开饮至 3 日龄，饮水中加入 3%～5%的葡萄糖或白糖、维生素 C 针剂（每 100 只用量 20 毫升）、抗菌素（如青霉素，4 000 单位/只・日），以防应激，促进雏鸡卵黄吸收和预防白痢、脐炎及大肠杆菌感染；1 日龄用马立克氏病疫苗颈背皮下注射接种；3～5 日龄用传染性支气管炎疫苗 H120 饮水；7～8 日龄用传染性法氏囊病疫苗滴鼻或饮水；同时于 3～9 日龄在饮水中加入 20～60 毫克/升硫酸粘菌素；10～12 日龄用新城疫Ⅳ系苗点眼或滴鼻；12～15 日龄用 0.05%～14%土霉素拌料；15 日龄进行禽流感疫苗首免；15 日龄以后在饲料中间断性添加一些抗球虫药物；23～25 日龄用传染性法氏囊病疫苗饮水二免；27～28 日龄用鸡痘疫苗刺种（成鸡的半量）；30 日龄可用传染性喉气管炎弱毒苗点眼滴鼻；35 日龄和 45 日龄分别用新城疫Ⅳ系或Ⅱ系苗和禽流感疫苗进行二免。

47. 怎样安排雏鸡的日常管理？

科学地安排雏鸡的日常管理，可以更好地适应雏鸡的生物学特性，促进生长，增强体质，降低成本和提高成活率。在育雏期内，其日常管理工作应遵循以下细则。①进门换鞋消毒，注意检查消毒池内的消毒药物是否有效，是否应该更换或添加。②观察鸡群活动规律，查看舍内温度计，检查温度是否合适。③观察鸡群健康状况，有没有“糊屁股”（多为白痢所致）的雏鸡，有无精神不振、呆立缩脖、翅膀下垂的雏鸡，有无腿部患病、站立不稳的雏鸡，有无大脖子的雏鸡。④仔细观察粪便是否正常，有无拉稀、绿便或便中带血等异常现象。一般来说，刚出壳尚未采食的幼雏排出的胎粪为白色和深绿色稀薄液体，采食以后排出的粪便呈圆柱形、条状，颜色为棕绿色，粪便的表面有白色的尿酸盐沉着。拉稀便可能是肠炎所致；粪便绿色可能是吃了变质的饲料，或硫酸铜、硫酸锌中毒，或患鸡新城疫、霍乱、伤寒等病；粪便棕红色、褐色，甚至血便，可能是发生了球虫病；黄色、稀如水样粪便，可能是发生某些传染病，如法氏囊病、马立克氏病。发现异常现象后及时分析原因，采取相应措施。⑤检查饮水器或水槽内是否有水，饮水是否清洁卫生。⑥检查垫料是否干燥，是否需要添加或更换，垫草有无潮湿结块现象。⑦舍内空气是否新鲜，有无刺激性气味，是否需要开窗通气。⑧食槽高度是否适宜，每只鸡食槽占有位置是否充足，饲料浪费是否严重。⑨鸡群密度是否合适，要不要疏散调整鸡群。⑩笼养雏鸡有无跑鸡现象，并查明跑鸡原因，及时抓回，修补笼门或漏洞。⑪检查笼门是否合适，有无卡脖子现象，及时调换笼门。⑫及时分出小公鸡，进行淘汰或肥育。⑬检查光照时间、强度是否合适。⑭检查有无啄癖现象发生，如有被啄雏鸡，应及时抓出，涂上紫药水。⑮按时接种疫苗，检查免疫效果。⑯抽样检查体重，掌握雏鸡生长发育状况。⑰病鸡、弱鸡隔离治疗，加强饲养，促使鸡群整齐一致。⑱检查用药是否合理，药片是否磨细，拌合是否均匀。⑲掌握鸡龄与气温，确定离温时间，检查离温后果。⑳加强夜间值班工作，细听鸡群有无呼吸系统疾病，鸡群睡觉是否安静，防止意外事故发生。

48. 育成鸡有哪些生理特点？

7～20周龄这个阶段叫育成期，处于这个阶段的鸡叫育成鸡（也叫青年鸡、后备鸡）。育成鸡仍处于生长迅速、发育旺盛的时期，尤其是各类器官已发育完善，机能健全。骨骼和肌肉生长速度比较快，但体重增长速度不及雏鸡；机体对钙质的沉积能力有所提高；羽毛几经脱换，最终长出了成羽；随着日龄增加，蓄积脂肪能力增强，易引起躯体过肥，将对其日后产蛋量和蛋壳质量有重要影响；育成期的中、后期，生殖系统开始发育至性成熟。若在育成期让鸡自由采食，供给丰富营养，特别是喂给高蛋白饲粮，则会加快性腺发育，使育成鸡过早开产，而这类早开产的鸡，产蛋持久力差，蛋重少，总产量不高，种用价值和经济效益低。若育成鸡饲粮中蛋白质水平适当低一些，既可使性腺发育正常，又可促进骨骼生长和增强消化系统的机能。因此，在育成鸡饲养管理中，要正确处理好“促”与“抑”的关系。

49. 应怎样合理饲喂育成鸡？

在生产中，育成鸡应采取限制饲养，即根据育成鸡的营养特点，限制其饲料采食量，适当降低饲料营养水平的一种特殊的饲养措施。其目的是提高饲料利用效率，控制适时开产，保证高产、稳产，提高经济效益。

限制方法有多种，如限时法、限量法和限质法等。

（1）限时法　就是通过控制鸡的采食时间来控制采食量，从而达到控制体重和性成熟的目的。具体分为以下几种：①每日限喂：每天喂给一定量的饲料和饮水，规定饲喂次数和每次采食时间，此法对鸡的应激较小。有人采用每2～3小时给饲15～30分钟的方法，能提高饲料转化率。②隔日限喂：就是喂1天，停1天，把2天（48小时）的饲料量集中在1天喂给，给料日将饲料均匀地撒在料槽内，停喂日撤去槽中的剩料，也不给其他食物，但供足饮水，尤其热天更不能断水。此法对鸡的应激较大，可用于体重超标的鸡群限饲，常用于肉种鸡 7～11 周龄的限喂。③每周限喂：即每周停喂 1 天或 2 天。停喂两天的做法是：星期日、星期三停喂，将一周中限喂料量均衡地在 5 天中喂给。此法既节省了饲料，又减少应激，常用于蛋用型鸡育成期的限喂。

（2）限量法　就是规定鸡群每日、每周或某阶段的饲料用量。在实行限量饲喂时，蛋用鸡一般喂给正常饲喂的 80%～90%，而肉用种鸡只喂给自由采食时的 60%～80%。此法易操作，应用比较普遍，但饲粮营养必须全价，不限定鸡的采食时间。

（3）限质法　就是限制饲粮营养水平，使某种营养成分低于正常水平，一般采用的有低能饲粮、低蛋白饲粮、低能低蛋白饲粮、低赖氨酸饲粮等，从而使鸡生长速度降低，性成熟延迟。农村粗放养鸡常采用此法。

50. 育成鸡的限制饲养应注意什么？

（1）定期称测体重，掌握好给料量　限饲开始时，要随机抽取 30～50 只鸡称重并编号，每周或两周称重一次，其平均体重与标准体重比较，10 周龄以内的误差最大允许范围为±10%，10 周龄以后则为±5%，超过这个范围说明体重不符合标准要求，就应适当减少或增加饲料喂量。每次增加或减少的饲料量以 5 克/（只·日）为宜，待体重恢复标准后仍按表中所列数量喂给。育成鸡的大致给料标准和体重应达到的范围见表 3－5。

（2）确定起限时间　目前，生产中对蛋鸡的限制饲养多从 9 周龄开始，常采用限量法。

（3）设置足够的料槽　限饲时必须备足料槽，而且要布局合理，防止弱鸡采食太少，鸡群饥饱不均，发育不整齐，要求每只鸡都要有一定的采食位置，最好留有占鸡数 1/10 左右的余位。

表 3-5　育成鸡（白壳蛋鸡）7～20 周龄体重和给料量

周龄	白壳蛋鸡品种		褐壳蛋鸡品种	
	每日每只给料（克）	体重范围（克）	每日每只给料（克）	体重范围（克）
7	45	420～520	50	560～680
8	49	500～600	55	650～790
9	52	570～710	59	740～900
10	54	660～820	63	830～1 010
11	55	770～930	67	920～1 120
12	57	860～1 040	70	990～1 220
13	59	940～1 120	73	1 070～1 310
14	60	1 010～1 190	76	1 130～1 390
15	62	1 070～1 250	79	1 200～1 460
16	64	1 120～1 300	82	1 260～1 540
17	67	1 160～1 340	85	1 320～1 620
18	68	1 190～1 370	88	1 390～1 690
19	74	1 210～1 410	91	1 450～1 770
20	83	1 260～1 480	95	1 500～1 840

（4）限饲前应对母鸡断喙，以防相互啄伤　对公鸡可剪冠，用于自然交配的公鸡断内侧趾及后趾。

（5）限饲中特殊情况的处理　限饲过程中，如果鸡群发病、接种疫苗或转群时，可暂时停止限饲，待消除影响后再行限饲。

（6）应与控制光照相配合　实施限饲时，要与控光相结合，效果会更好。

（7）限饲应以增加总体经济效益为主要宗旨　不能因限饲而加大产品成本，造成过多的死亡或降低产品质量。如鸡场的饲养条件不好，育成鸡体重又比标准轻，切不可进行限制饲养。

（8）笼养育成鸡的限饲　笼养育成鸡，控制饲养的技术措施比较容易实施，应激较小，如果管理正常，可获得85%甚至更高的均匀度。但由于笼养时鸡的运动量减少，应考虑适当降低饲养标准中的能量含量。另外，笼养时采取限制时间可适当提前。

51. 育成鸡有哪几种饲养方式？

育成鸡的饲养方式有平养、笼养和网养等多种。

（1）地面平养　指地面全铺垫料（稻草、麦秸、锯末、干沙等），料槽和饮水器均匀地布置在舍内，各料槽、水槽相距在3米以内，使鸡有充分采食和饮水的机会。这种方式饲养育成鸡较为落后，稍有条件和经验的养鸡者已不再采用这种方式。

（2）栅养或网养　指育成鸡养在距地面60厘米左右高的木（竹）条栅或金属网上，粪便经栅条之间的间隙或网眼直接落于地面，有利于舍内卫生和定期清粪。栅上或网上养鸡，其温度较地面低，应适当地提高舍温，防止鸡相互拥挤、打堆，同时注意分群，准备充足的料槽、水槽（或饮水器）。栅上或网上养鸡，取材方便，成本较低，应用广泛。

（3）栅地结合饲养　以舍内面积1/3左右为地面，2/3左右为栅栏（或平网）。这种方式有利于舍内卫生和鸡的活动，也提高了舍内面积的利用，增加鸡的饲养只数。这种方式应用不很普遍。

（4）笼养　指育成鸡养在分层笼内，专用的育成鸡笼的规格与幼雏笼相似，只是笼体高一些，底网眼大一些。分层育成鸡笼一般为2～3层，每层养鸡10～35只。这种方式应提倡发展。

52. 怎样完成育雏期和育成期两阶段的过渡？

从育雏期到育成期，饲养管理技术有一系列变化，这些变化要逐渐进行，避免突然变化。

（1）脱温　雏鸡达到4～6周龄以后，新羽基本长出，对环境适应能力增强，要逐步停止给温。一般早春育雏可在6周龄左右离温，晚春、初夏育雏 3～4 周龄即可离温。但是具体脱温的时间，还应根据季节性、雏鸡体质状况及外界气温变化等因素灵活掌握。

（2）上栖架　训练鸡上栖架能减轻潮湿地面对鸡的不良影响，有利于骨骼、肌肉的正常发育，避免胸囊肿发生。栖架可用木棍或木条制作，一般经过几次训练，每到黄昏鸡即能自动上架。

（3）转笼或下笼　笼育的雏鸡进入育成期后，可转入育成鸡笼或者改为地面平养，这就需要下笼。刚下笼时鸡不太习惯，容易引起密集挤堆，因此需要仔细观察鸡群（特别在夜间），防止因挤堆而造成伤亡。

（4）更换日粮　由于育雏期和育成期鸡生理特点不同，对日粮的需求也不一样，特别是蛋白质在日粮中的比例，育成期要比育雏期低，所以在过渡期后要更换日粮。更换日粮不能突然改变，要逐渐进行，以便逐渐适应。

53. 怎样给育成鸡配合日粮？

在育成期的主要任务是培育健康、匀称、体重符合正常生长曲线的鸡群，以保证适时开产。因此，在生产中必须充分重视育成鸡的饲粮配合。根据育成鸡的发育特点，其营养需要与雏鸡有较大区别，饲料中蛋白质和能量水平都应降低，尤其是蛋白质水平应比雏鸡低得多，且随鸡的体重增加而减少。否则，育成鸡会大量积聚脂肪而过肥，同时过早性成熟，进而影响以后的产蛋量。因此，在日粮配方中，粗蛋白质的含量，可从育雏期的 18%～19%逐渐减少为 15%～16%。同时降低饲粮中的能量浓度。配合饲粮时，可选用稻糠、麦麸等低能饲料替代一部分玉米等高能饲料，以利于锻炼胃肠，提高对饲料的消化能力，使育成鸡有一个良好的体况。下面介绍几个育成鸡日粮配方（表 3－6）供参考。

表 3-6 育成鸡日粮配方

饲料种类 \ 配方编号 \ 周龄		6～24 周龄			15 周龄～开产（5%）		
		1	2	3	1	2	3
	玉　米	55.25	59.6	55.7	69.2	68.3	67.0
	高　粱			8.0			
	大　麦	12.0		10.0			
	小　麦		10.0				
	麦　麸	10.0	13.0	11.0	14.9	16.0	15.0
	豆　饼	10.0	10.0	7.5	2.0	2.5	1.3
	苜蓿草粉	5.0			8.0	8.0	11.8
	鱼　粉	5.0	5.0	5.0	3.8	3.0	2.6
	骨　粉	2.0	1.0	1.5	1.0	1.0	2.0
	蛎　粉	0.5					
	贝　粉		1.0				
	石　粉			1.0	1.0	1.0	
	食　盐	0.3	0.4	0.3	0.1	0.2	0.3
营养成分	代谢能（兆焦/千克）	11.51	11.84	11.92	11.84	11.84	11.38
	粗蛋白（%）	16.1	15.5	15.0	12.2	12.4	2.1
	粗纤维（%）	4.1	3.2	3.2	6.4	6.6	7.2
	钙（%）	1.0	0.7	1.0	0.9	0.9	1.2
	磷（%）	1.0	0.6	0.7	0.7	0.7	0.6
	赖氨酸（%）	0.8	0.8	0.6	0.5	0.5	0.6
	蛋氨酸（%）	0.3	0.3	0.2	0.2	0.2	0.2
	胱氨酸（%）	0.3	0.2	0.2	0.2	0.2	0.2

54. 怎样掌握适宜的光照制度？

鸡育成期每天的光照时间要保持恒定或稍减少，不能增加。因为光照时间过长或逐渐增加，会使鸡提前性成熟，过早开产的鸡，产蛋持续期短，蛋重小，产蛋率低。因此，合适的光照制度是使鸡群适时开产、提高产蛋量的重大技术保障之一，必须运用得当，严格执行。密闭式鸡舍内的鸡群，可完全利用人工光照。方法是：雏鸡 1 周龄以内，每天光照 23～24 小时，2 周龄至 18～20 周龄每天保持光照 8 小时。

开放式鸡舍内的鸡群，可以充分利用自然光照。但自然光照的时间各地随季节不同有很大的变化，所以要维持育成鸡对光照的需要，就要根据不同季节的自然规律，制定人工补光的管理制度。

我国绝大部分地区位于北纬 20～45°，一般冬至前后日照时间较短，以后逐渐延长。到夏至前后，日照时间较长，从夏至到冬至又逐渐缩短。因此，4～8 月间孵出的鸡，育成后期处于日照渐短时期，放到 20 周龄时，只要利用自然光照即可满足其需要。9 月底至翌年 3 月孵出的鸡，其育成后期处于日照渐长时期，若完全利用自然光照，通常会刺激母雏过早性成熟。为防止这种情况的产生，应控制光照时间，通常可采用人工补充光照。其具体方法是：先查出本批鸡达到 20 周龄（种鸡 22 周龄）的昼长时数（如为 11 小时），然后加 7 小时作为出壳后第 4 天的光照时间（18 小时），以后每周减少光照 20 分钟，直到 21 周龄（种鸡 23 周龄）逐渐过渡到产蛋鸡的光照制度。光照强度以 5～10 勒克司为宜，即每平方米鸡舍安装 2～3 瓦电灯，灯泡高度距地面 2 米。

55. 怎样做好育成鸡免疫接种和驱虫工作？

为保证育成鸡正常生长发育，使之健康而无潜在疫病进入产蛋期，一般在育成鸡 60～65 日龄进行鸡新城疫Ⅰ系疫苗接种；在 70～80 日龄进行鸡痘疫苗接种；在 100～110 日龄进行禽霍乱菌苗和鸡新城疫Ⅰ系疫苗接种；在 110～130 日龄进行禽流感加强免疫和鸡减蛋综合症油佐剂灭活苗接种；在鸡群开产前还要进行驱虫和灭虱、灭螨。

56. 育成鸡如何转群？

由于鸡的品种、品系不同，其性成熟有早有晚，当然鸡转群的时间亦有前后，一般性成熟早的在 17～18 周龄就应转群，晚的可在 20 周龄转群、褐壳蛋鸡最晚不超过 22 周龄转群。转群过早、过晚均不利，过早转群，鸡体过小，会从笼网空隙钻出，到外乱跑，管理不便；过晚转群，由于鸡群临近或已经开产，会使鸡的体质受到削弱而影响产蛋，造成鸡群不能适时达到应有的产蛋高峰，使年产蛋量受到影响。

转群前应搞好产蛋鸡舍内的清扫、消毒，安装好供料、供水、照明、通风等设备，并保证正常运转。

转群时要检查鸡群，淘汰病、弱、小、瘫、瘸、瞎眼或伤残鸡。注意检查鸡喙，遇到漏断或断喙不良的，应重新断喙或修剪。捉鸡时应减弱照明或夜间进行，捉放鸡的动作要轻，应捉鸡腿，不可捉鸡颈或双翅。做好鸡的计数工作，以便喂料和计算产蛋率。

转群后最初 2～3 天连续照明 23 小时，使育成转群的鸡能找到饲槽和饮水器。转群鸡由于受到环境变化的应激，容易引起挤压，造成伤亡，应注意看护。

57. 蛋鸡多少日龄产蛋合适？

母鸡开产日龄也叫性成熟期，即母鸡长到开始产蛋的日龄，通常商品鸡群以全群产蛋率达 50%的日龄（目前趋于5%）作为该鸡群的开产日龄。

开产日龄的长短与鸡的品种、品系、孵化季节和饲养管理条件等因素有关。在正常的饲养管理条件下，不同类型鸡种的适宜开产日龄是：商品蛋鸡（轻，中型）为150～160日龄；蛋用种鸡（轻、中型）为160～170日龄；肉用种鸡为170～180日龄。

58. 育成鸡的管理要点有哪些？

（1）育成期前的准备　①鸡舍和设备：转群前必须做好育成鸡舍的准备，如鸡舍的维修、清刷、消毒等，准备充足的料槽和水槽。②淘汰病弱鸡：在转群过程中，挑选健康无病、发育匀称，外貌符合本品种要求的鸡只转入育成鸡舍，淘汰病弱鸡、残鸡及外貌不符合本品种要求的鸡只。

（2）精心转群过渡　笼育或网育雏鸡进入育成期后，有的需要下笼改为地面平养，以便加强运动；有的需要转入育成鸡笼，以便于加强管理。转群后必须提供采食、饮水的良好环境，注意观察鸡群，尤其是在夜间要加强值班，防止意外事故的发生。

（3）保持适宜的饲养密度　育成鸡无论是平养还是笼养，都要保持适宜的饲养密度，才能使鸡只个体发育均匀。育成鸡的饲养密度见表3-7和表3-8。

表3-7　育成鸡在垫料上的密度

品系和性别	每平方米容鸡数（只）
白壳蛋系蛋用母鸡	
到18周龄	8.3
到22周龄	6.2
褐壳蛋系蛋用母鸡	
到18周龄	6.3
到22周龄	5.4
白壳蛋系种用母鸡	5.4
白壳蛋系种用公鸡	5.4

（续）

品系和性别	每平方米容鸡数（只）
褐壳蛋系种用母鸡	4.9
褐壳蛋系种用公鸡	4.3

注：栅养时所需面积为地面平养的 60%；栅养与平养结合时，为地面平养的 75%。

表 3-8　笼养育成鸡密度

品种类型	每只鸡所需面积（厘米^2）
白壳蛋系蛋用母鸡	
到 14 周龄	232
到 18 周龄	290
到 22 周龄	389
褐壳蛋系蛋用母鸡	
到 14 周龄	277
到 18 周龄	355
到 22 周龄	484

对群养育成鸡还要进行分群，防止群体过大而不便管理，每群以不超过 500 只为宜。

（4）控制性成熟　育成鸡过早或过迟性成熟，均不利于以后产蛋力的发挥。性成熟过早，就会早开产，产小蛋，持续高产时间短，出现早衰，产蛋量减少。但性成熟过晚，则将推迟开产时间，产蛋量减少。因此，要合理控制育成鸡的性成熟，做到适时开产。

控制育成鸡性成熟的方法主要有两个方面。一是限制饲养，二是控制光照。关键是要把限制饲养与光照管理结合起来，只强调某个方面不会取得很好的效果。按限制饲养管理，鸡的体重符合标准，但延迟了开产日龄，原因是光照时间不足，体重较轻；如果增加光照时间，而忽视了饲料的营养和给量，达不到标准体重，结果是开产蛋重小，产蛋高峰期延迟。

(5) 合理设置料槽和水槽　育成期的料槽位置，每只鸡为 8 厘米左右，水槽的位置为料槽的一半。料槽、水槽在舍内要均匀分布，相互之间的距离不应超过 3 米。其高度要经常调整，使之与鸡背的高度基本一致。

(6) 加强通风　通风的目的，一是保持舍内空气新鲜，给育成鸡提供所需要的氧气，排除舍内的二氧化碳、氨气等污浊气体；二是降低舍内气温；三是排除舍内过多的水分，降低舍内湿度。开放式鸡舍要注意打开门、窗通风，封闭式鸡舍要加强机械通风。

(7) 添喂砂砾　为提高育成鸡的胃肠消化机能及饲料利用率，育成期内有必要添喂砂砾，沙砾的直径以 2～3 毫米为宜。添喂方法：可将砂砾拌入饲料喂给，也可以单独放入砂槽内饲喂。砂砾要求清洁卫生，最好用清水冲洗干净，再用 0.1%的高锰酸钾水溶液消毒后使用。

(8) 避免啄癖　笼养育成鸡容易发生啄癖。为减少啄癖造成的损失，一定要做好笼养鸡的断喙工作。鸡群出现啄癖后，要及时分析原因，并采取针对性措施，消除发病因素。

(9) 预防疾病　由于育成鸡饲养密度大，要注意及时清除粪便，保持环境卫生，加强防疫，做好疫苗接种和驱虫工作。一般在育成鸡 70～90 日龄进行鸡城疫Ⅰ系系疫苗接种，每年 6～7 月份进行一次鸡痘疫苗接种，在 120～130 日龄进行驱虫、灭虱。

59. 产蛋鸡有哪些生理特点?

(1) 刚开产的母鸡虽然已达到性成熟，开始产蛋，但机体还没有发育完全，未达到体成熟　18 周龄体重仍在继续增长，到 40 周龄时生长发育基本停止，体重增长极少。40 周龄后体重增加多为脂肪积蓄。

(2) 产蛋鸡对环境变化非常敏感　产蛋期间饲料配方突然变

化，饲喂设备更换，环境温度、通风、光照、密度的改变，饲养人员和日常管理程序的变换以及其他应激因素都会对蛋鸡产生不良影响。

（3）不同周龄的产蛋鸡，对营养物质的利用率不同　母鸡刚达性成熟时（17～18 周龄），成熟的卵巢释放雌性激素，使母鸡储钙能力显著增强。开产至产蛋高峰时期，鸡对营养物质的消化吸收能力增强，采食量持续增加；到产蛋后期消化吸收能力减弱，脂肪沉积能力增强。

60. 笼养产蛋鸡有哪些优点？

笼养产蛋鸡是目前生产中应用最普遍的一种饲养方式，具有平养无法比拟的优点。

（1）饲养密度大，在相同面积的鸡舍内比平养多养 3～5 倍的鸡只，因而节省房舍和土地。

（2）鸡在笼内饲养，便于防疫。

（3）管理方便，省工，劳动生产率高。

（4）环境条件容易控制，鸡群生长均匀，产蛋率高而稳定。

（5）容易观察鸡群和淘汰不良鸡只，确保鸡群健康高产。

（6）鸡只不与地面接触，患寄生虫病少，可节省用药费用。

（7）舍内不必铺设垫料，可节省垫料开支。

（8）鸡舍干净，环境卫生，鸡蛋不受粪便污染，提高了产品质量。

（9）鸡的活动受到限制，饲料消耗少，转化率高，经济效益好。

至于笼养鸡易发生营养缺乏症、脂肪肝综合症、产蛋疲劳症、胸部囊肿和骨骼脆而易折等缺点，通过改善饲养管理和笼体材料等办法，均能得到不同程度的改善。

61. 怎样给产蛋鸡配合日粮？

蛋鸡生产水平高，因而要求日粮营养全价而均衡。目前我国蛋鸡采取的饲养标准，按鸡的产蛋周龄结合产量水平分为3个档次，各种营养水平均有不同。产蛋鸡从饲料中摄取的营养物质多少主要取决于采食量，而采食量的多少则主要受季节温度变化、产蛋高低和所处生理阶段（初产期、产蛋高峰期、产蛋后期）等的影响，所以在饲养标准配合日粮时应根据季节变化、所处生理阶段等进行适当调整（即按产蛋率水平，采用阶段供料，调整粗蛋白质等营养水平）。

产蛋鸡的日粮配方，因各地气候、饲料资源不同，很难找到一个满足各地需要的统一配方。各地应根据当地条件、饲养标准等制定符合本地需要的日粮配方。下面介绍几个蛋鸡日粮配方（表3-9），仅供参考。

表3-9　产蛋鸡日粮配方

产蛋率	小于65%			65%～80%			大于80%		
饲料种类 \ 配方编号	1	2	3	1	2	3	1	2	3
玉　米	65.5	56.7	65.0	63.5	68.25	61.45	60.0	58.5	63.25
高　粱		5.0	4.0			2.0			
大　麦		15.0							
麦　麸	7.0		2.75	7.98		5.0	5.0	6.0	
豆　饼	14.0	9.0	7.0	15.0	16.0	14.0	18.0	21.0	19.5
棉籽饼			5.0						
菜籽饼			5.0						
苜蓿草粉			2.0		1.5				1.5
槐叶粉						3.25			
鱼　粉	5.0	5.5	4.0	6.0	7.0	8.0	8.0	5.0	7.0
骨　粉	1.0	2.5	2.0				1.0	1.35	1.5
贝　粉		6.0							

（续）

饲料种类 \ 配方编号 \ 产蛋率		小于65%			65%～80%			大于80%		
		1	2	3	1	2	3	1	2	3
石　　粉		7.4			7.5			8.0	8.0	
蛎　　粉						4.0	6.0			
无机盐添加剂				3.0		3.0				3.0
蛋 氨 酸		0.1			0.02		0.05	0.01	0.05	
食　　盐			0.3	0.25		0.25	0.25		0.1	0.25
营养成分	代谢能（兆焦/千克）	11.30	11.46	11.84	11.51	11.72	11.46	11.38	11.30	11.30
	粗蛋白（%）	13.7	15.0	15.0	14.8	16.4	16.4	16.8	16.9	18.0
	粗纤维（%）	2.8	2.5	3.7	2.8	2.5	2.8	2.7	2.9	2.7
	钙（%）	2.91	3.26	1.99	3.46	3.40	3.60	3.79	3.58	3.29
	磷（%）	0.52	0.80	0.46	0.65	0.64	0.60	0.70	0.71	0.92
	赖氨酸（%）	0.77	0.77	0.67	0.77	0.86	0.82	0.89	0.87	0.97
	蛋氨酸（%）	0.35	0.30	0.52	0.26	0.53	0.30	0.29	0.26	0.57
	胱氨酸（%）	0.25	0.24		0.26		0.24	0.20	0.30	

62. 什么叫产蛋鸡的分段饲养法？

根据鸡群周龄和产蛋率将产蛋期分为若干阶段，在不同阶段喂给含不同水平蛋白质、能量和钙的饲粮，使饲养较为合理且节省了一部分蛋白质饲料，这种方法就叫分段饲养。

分段饲养分为两阶段饲养（即分产蛋前期和产蛋后期）和三阶段饲养，而三阶段法又可分为按鸡群周龄分段和按鸡群产蛋率分段两种方法。

（1）两阶段饲养法　按鸡群产蛋周龄并结合产蛋率的升降变化分产蛋前期和产蛋后期，即从鸡群开产（鸡群产蛋率达5%）

至产蛋高峰（鸡群产蛋率达85%）为产蛋前期，产蛋过后至鸡群淘汰这段时期为产蛋后期。两阶段饲粮营养水平参见表3-10。

表3-10　产蛋鸡主要营养成分的需要量

项　目	产蛋阶段		
	开产至高峰期（产蛋率大于85%）	高峰后期（产蛋率小于85%）	种鸡
代谢能（兆焦/千克）	11.29	10.87	11.29
粗蛋白质（%）	16.5	15.5	18.0
蛋白能量比（克/兆焦）	14.61	14.26	15.94
钙（%）	3.5	3.5	3.5
总磷（%）	0.60	0.60	0.60
有效磷（%）	0.32	0.32	0.32
钠（%）	0.15	0.15	0.15
氯（%）	0.15	0.15	0.15
蛋氨酸（%）	0.34	0.32	0.34
蛋氨酸+胱氨酸（%）	0.65	0.56	0.65
赖氨酸（%）	0.75	0.70	0.70

（2）按鸡群周龄划分的三段饲养法　按鸡群周龄把产蛋期分为产蛋前期（20～42周龄）、产蛋中期（43～62周龄）和产蛋后期（63周龄以后）三个阶段。

如果在育成期鸡群饲养管理得当，一般可在20周龄至22周龄左右开始产蛋，在28～32周龄产蛋率达90%左右，到40～42周龄仍在80%以上。体重也由20周龄的1.7千克左右增加到42周龄时的2.1千克左右（42周龄后体重只增加少许）。因此，加强鸡产蛋前期的饲养非常关键。要注意提高饲粮中蛋白质、矿物质和维生素的含量、促使鸡群产蛋率迅速上升达到高峰，并能持续较长时间。在产蛋前期，来航型母鸡每天每只需摄入蛋白质

18.9 克，代谢能 1 264 千焦，炎热天气代谢能应予减少。

产蛋中、后期母鸡产蛋率逐渐下降，但蛋重仍有所增加。这一时期饲粮蛋白质含量可适当减少，但要注意保证鸡的营养需要，使鸡群产蛋率缓慢而平稳地下降。白壳蛋鸡三阶段给料标准参见表 3-11。

表 3-11 白壳蛋鸡三阶段饲养给料标准

项 目	产蛋时期		
	前期（20～42 周龄）	中期（43～62 周龄）	后期（63 周龄以后）
饲粮蛋白质含量（%）	18.0	16.5	15.0
饲粮代谢能含量（千卡/千克）	2850	2850	2850
每日每只谢能（千卡）	302	298	283
高峰产蛋率（%）	90		—
母鸡日平均产蛋率（%）	74.2	73.5	61.5
饲料消耗量（克/日·只）	105	104	90
蛋白质摄入量（克/日·只）	18.9	17.2	14.9

（3）按鸡群产蛋率划分的三段饲养法　按照鸡群的产蛋率把产蛋期划分为三个阶段，即产蛋率小于 65%、产蛋率 65%～80%、产蛋率大于 80%。各段饲粮营养水平见表 3-12。

表 3-12 产蛋期蛋用鸡及种母鸡主要营养成分的需要量

项 目	产蛋鸡及种鸡的产蛋率（%）		
	大于 80	65～80	小于 65
代谢能（兆焦/千克）	11.50	11.50	11.50
粗蛋白质（%）	16.50	15.00	14.00
蛋白能量比（克/兆焦）	14.00	13.00	12.00
钙（%）	3.50	3.40	3.30

（续）

项　目	产蛋鸡及种鸡的产蛋率（%）		
	大于 80	65～80	小于 65
总磷（%）	0.60	0.60	0.60
有效磷（%）	0.33	0.32	0.30
食盐（%）	0.37	0.37	0.37
蛋氨酸（%）	0.36	0.33	0.31
蛋氨酸+胱氨酸（%）	0.63	0.57	0.53
赖氨酸（%）	0.73	0.65	0.62

63. 怎样给产蛋鸡喂料？

蛋鸡的喂料既可以自动化，也可以手工操作。笼养蛋鸡对饲粮营养的要求比地面平养更为严格，应采用干粉料，少给勤添，每天喂料 2～3 次。人工添料时，添料量不要超过食槽的二分之一，避免饲料撒到槽外，减少浪费。

为了使鸡群保持旺盛的食欲，每天必须留有一定的空槽时间，以免饲料长期在料槽内积存，使鸡产生厌食和挑食的恶习。

白壳蛋鸡和褐壳蛋鸡只日大致给料量见表 3-13。

表 3-13　蛋鸡只日给料量标准

周龄	只日给料量（克）		周龄	只日给料量（克）	
	白壳蛋鸡	褐壳蛋鸡		白壳蛋鸡	褐壳蛋鸡
27	109	120	53	104	115
28	109	120	54	104	115
29	109	120	55	104	115
30	109	120	56	104	115
31	109	120	57	104	115
32	109	120	58	104	115

（续）

周龄	只日给料量（克）		周龄	只日给料量（克）	
	白壳蛋鸡	褐壳蛋鸡		白壳蛋鸡	褐壳蛋鸡
21	85	95	47	104	118
22	95	108	48	104	118
23	104	110	49	104	118
24	109	115	50	104	118
25	109	118	51	104	115
26	109	120	52	104	115
33	109	120	59	100	115
34	109	120	60	100	115
35	109	120	61	100	110
36	109	120	62	100	110
37	109	120	63	100	110
38	109	120	64	100	110
39	109	120	65	100	110
40	109	120	66	100	105
41	104	118	67	100	105
42	104	118	68	100	105
43	104	118	69	100	105
44	104	118	70	95	105
45	104	118	71	95	105
46	104	118	72	95	105

64. 怎样给产蛋鸡供水？

在养鸡生产中，产蛋鸡饮水量比较大，必须供给足够的清洁饮水，否则将影响鸡群产蛋，甚至造成鸡只死亡。给产蛋鸡供水要注意以下几点：①要有足够的槽位，白壳蛋鸡每只 1.9 厘米，褐壳蛋鸡每只 2.3 厘米，保证每只鸡都能饮到水，做到槽净水清，终日不断。应勤添水，不宜放水过多，避免鸡喝剩水（最好采用自动饮水器），每次换水均需刷洗水槽。②水质要好，最好用自来水，若无自来水，可用井水等较清洁的水源。③水槽（或其他饮水器）中的水位要有一定的高度，即水位要够。若水槽中的水量，各鸡位不一致时应及时调整，严防水槽漏水。④为防止停电停水，应贮存一些备用水，以防蛋鸡断水。⑤对于开放式鸡舍，夏季饮水器应放置阴凉处，冬季供应温水，防止结冰。

另外，夏季气温高，鸡采食量减少，饮水量增加，笼养鸡往往粪便过稀，适当限制饮水或间歇给水可防止这种现象而不影响鸡的产蛋量，但不能在产蛋高峰期限制饮水。

65. 怎样控制鸡舍内的温度、湿度？

（1）鸡舍温度　鸡的产蛋性能只有在适宜的舍温条件下才能充分发挥，温度过低或过高都会影响鸡群的健康和生产性能，使产蛋量下降，饲料效率降低，并影响蛋壳品质。产蛋鸡舍的适宜温度是 13～23℃。最佳温度是 16～20℃，不能低于 7.8℃或高于 28℃。

（2）鸡舍湿度　鸡舍内的湿度主要来源于三个方面，一是外界空气中的水分进入鸡舍内；二是鸡的呼吸和排出的粪尿；三是鸡舍内水槽的水分蒸发。

产蛋鸡舍内的相对湿度应保持在 55%～65%。若舍内湿度过低，舍内尘埃飞扬，容易导致鸡只发生呼吸道疾病，若舍内湿度过大，在冬季易使鸡体失热过多而受凉发生感冒，鸡群易患支原体病、拉稀；在夏季易使鸡呼吸排散到空气中的水分受到限制，鸡的蒸发散热受阻。在养鸡生产中鸡舍湿度过大的情况较多发生，必须注意采取降湿措施，在维持正常舍温的前提下，加强鸡舍通风。

66. 怎样实施产蛋鸡的光照？

在鸡产蛋期间，光照强度和光照时间要保持相对稳定，严禁缩短光照时间。

（1）光照强度　鸡舍内光照强度一定要适宜，一般以10～20勒克司（3～4瓦/米^2）为宜。光照分布要均匀，不要留有光照死角。如果光照过暗，不利于鸡只产蛋，而光照过强又会使鸡只神经质，易惊群，常发生相互啄斗现象。光源一般安装在走道上方，距地面2米，灯泡用普通的白炽灯，功率以45～60瓦为宜。

（2）光照时间　密闭式鸡舍可以人为控制光照，使鸡充分发挥其产蛋潜力，这是密闭式鸡舍产蛋量较高的主要原因之一。不同鸡种的光照方案略有区别，部分鸡种光照控制标准参见表3-14。

表3-14　部分鸡种光照标准（密闭式鸡舍）

单位：小时

周　龄	罗曼褐	伊莎褐	京白904	巴布可克B-300
17	8	9	8	10
18	8	10	9	10
19	8	11	10	10
20	10	12	10.5	10
21	12	12.5	11	11
22	12.5	13	11.5	12
23	13	13.5	12	12.5
24	13.5	14	12.5	13
25	14	14.5	13	13.5
26	14.5	15	13.5	14
27	15	15.5	14	14.5
28	15.5	以后16.0	14.5	以后15.0

（续）

周　龄	罗曼褐	伊莎褐	京白904	巴布可克B-300
29	以后16.0		15	
30			15.5	
31			以后16.0	

开放式鸡舍养鸡受自然光照的影响，自然光照的光照时间随季节的不同变化很大。要保证产蛋鸡对光照的需要，就要根据不同季节和不同地区的自然光照规律，制定人工补光的管理制度。补光要循序渐进，每周增加半小时（不超过1小时）至满16小时为止，并持续到产蛋结束。夜间必须有8小时连续黑暗，以保证鸡体得到生理恢复，免于过度疲劳，黑暗时间要禁止漏光。

（3）开放式鸡舍人工补光方法　对照标准，查出需要补充的人工光照时间。补充光照，可全部在天亮以前补给，也可以全部在日落后补给，还可以在天亮前和日落后各补一半，以两头补光方法效果最好。因为有些鸡在早晨活动力较强，有些鸡在晚上活动力较强，采用早晚各半的补光方法，可提高人工光照效率。

67. 怎样实施蛋鸡舍的通风换气？

通风换气是调节、控制舍内小气候的重要措施。通风换气可以调节舍内外温差，舍内外温差越大，调节效果越明显；通风还可以排除舍内有害气体、尘埃和微生物，换入新鲜空气。鸡群的呼吸、排泄、有机物分解等使鸡舍内蓄积氨气、硫化氢和甲烷等有害气体，对人、鸡均有害。

蛋鸡舍对通风的要求，一般夏季通风量为12～14米^3/小时·只，春季和秋季通风量为6～7米^3/小时·只，冬季通风量为3～4米^3/小时·只。当舍温超过25℃时，机械通风鸡舍的风格应全部开启。自然通风鸡舍的窗户应全部打开。冬季要正确处理好通风和保温之间的关系，适时适度通风。

密闭式鸡舍的通风方式有两种，一种是横向通风，为传统工艺，另一种是纵向通风，近年来世界上发达国家多采用鸡舍纵向通风、低压大流量风机新工艺。应用这种工艺，不仅增加舍内风速，消除通风死角，改善舍内空气环境，而且减少各鸡舍间疾病的传播，大幅度节省电能。

68. 育成鸡转群上笼时应注意什么？

育成鸡早的可在17～18周龄进行转群上笼，最迟不应超过22周龄。早些上笼能使母鸡在开产前有足够的时间适应环境。上笼前应做好笼具安装、食槽与水槽的调试及蛋鸡舍保温等准备工作。值得注意的是，转群上笼会使鸡产生较大的应激反应，特别是育成期由平养转为笼养时应激反应尤为强烈，有些鸡经过转群上笼而体重下降，精神紧张，拉稀等，一般需经3～5天甚至一周以上才能恢复。因此，育成鸡转群上笼时必须注意以下几个问题：①母鸡上笼前后应保持良好的健康状况。上笼前有必要对育成鸡进行整群，对精神不好、拉稀、消化道有炎症的鸡进行隔离治疗；将失去治疗价值的病、弱鸡及时淘汰；将羽毛松乱、无光泽、冠髯和脸色苍白、喙和腿颜色较浅的鸡挑出来进行驱虫（也可以对整个鸡群进行驱虫）；把生长缓慢、体重较小的鸡单独饲养，给予较好的饲料，加强营养，使其尽快增重。对限制饲养的鸡群，转群上笼前2～3天可改为自由采食，上笼当天不需添加过多的饲料，以够食为度，让鸡将饲料吃干净。②白壳蛋鸡品系的转群时间应早于褐壳蛋鸡品系。适当提前转群，有利于新母鸡逐渐适应新环境，有利于开产后产蛋率的尽快增加。③转群上笼应尽量选择气候适宜的时间。夏季应在清晨或晚上较凉爽时进行，冬季则应在中午较暖和的时候进行。上笼时舍内使用绿色灯泡或把光线变暗，减少惊群，捉鸡轻拿轻放，避免粗暴。④转群抓鸡时应抓鸡的双腿，在装笼运输时严禁装得过多，以免挤伤、压伤在运输过程中，尽量不让鸡群受惊、受热、受凉，切勿时间过长。若育成鸡舍与蛋鸡舍距离较近，可用人工提鸡双腿直接转入蛋鸡舍。⑤上笼时不要同时进行预防注射或断喙，以免增加应激。⑥装笼数量应根据笼位大小、鸡的品种和季节合理确定。在下层鸡笼中多装2%～5%的鸡，有利于提高笼位利用率。⑦上笼后2～3天，不宜改变饲粮，视鸡采食情况，再决定是否恢复限制饲养。上笼后一周内的饲粮应增加多种维生素，以减少鸡群的应激反应。饲料要少给勤添。⑧待鸡群稳定后再按免疫程序进行免疫接种。

69. 在蛋鸡开产前后应注意什么？

蛋鸡开产前后的饲养管理相当重要，如果饲养管理得当，鸡群产蛋率可适时达到标准曲线。因此，在鸡开产前后应做好以下几方面工作：①增加光照。鸡开产后的光照原则是只能延长不能缩短。延长光照时间应根据18或20周龄时抽测的体重而定，如果鸡群平均体重达到标准，则应从20周龄起每周逐渐增加光照时间，直至增加到15～16小时后稳定不变，如果在20周龄仍达不到体重标准，可将补充光照的时间往后推迟一周，即在21周龄时进行。通过逐渐增加光照，刺激母鸡适时开产和达到预期的产蛋高峰。②补钙和调换饲粮。补钙时间可从18周龄开始，可将育成鸡料的含钙量由1%提高到2%。待母鸡全群产蛋率达5%时（理想的时间应在20周龄），由育成鸡料改换为产蛋鸡料，这时饲料中的钙的水平进一步提高到3.2%～3.4%，如果饲料中钙不足，蛋壳质量就不好。③保持鸡舍宁静。鸡性成熟时是新生活阶段的开始，特别是产头两个蛋的时候表现出精神亢奋、行动异常和神经质，因此在开产期应尽量避免惊扰鸡群，创造一个安静的环境。④根据体重变化增加喂料量。蛋鸡在产蛋率达50%前2～3周和后1～2周，体重仍有较快增长。如从19～23周龄，罗曼褐和迪卡褐的体重分别增长240克和320克，维持体重所需的饲料用量在增加，加上产蛋所需的营养，此阶段给料量需要有较大幅度的增加，鸡的只日喂料量见表 3-13。

70. 在鸡的产蛋高峰期应注意什么？

鸡产蛋具有规律性，第一个产蛋年是随周龄的增长呈低—高—低的产蛋趋势。初产时产蛋率低，以后迅速上升，到 30 周龄左右时达到最高峰，以后又逐渐下降。在产蛋高峰期前后，鸡自身还未发育完全，体重仍在增加，产蛋率成倍上升，蛋重也在增加，鸡的代谢强度很大，繁殖机能旺盛。所以此时应采取一切有效措施使鸡保持良好的健康状况和旺盛的繁殖机能。

（1）在饲养上要兼顾产蛋、增加体重和健康　当产蛋率达 50%时，也就是在 23 周龄左右，要改用蛋鸡中档饲养标准，粗蛋白质 15.5%，钙 3.5%；当产蛋率达 70%时，也就是在 26 周龄左右时，改用高档标准，粗蛋白质 16.5%，钙 3.5%；当达到产蛋高峰时，根据当时情况，粗蛋白质水平可提高到 17.0%，产蛋高峰期也是鸡的多食期，要使鸡够吃、吃饱，能吃多少就给多少，充分满足鸡群对蛋白质、代谢能和钙的需要。维持最高营养水平 2～4 周，然后根据产蛋率的下降情况，逐渐降低饲养标准（即产蛋高峰过后适当降低日粮营养水平，以免鸡体过肥）。当降到最低档时，也就是粗蛋白质降到 15%以后保持不变，直到鸡被淘汰为止。在调整日粮蛋白质等营养水平时，要掌握一个原则，就是上高峰时为了“促”，饲料要走在产蛋率上升的前头；下高峰时为了“保”，饲料要走在产蛋率下降的后头。也就是上高峰时在产蛋率未上来前要先提高营养标准，下高峰时在产蛋率下降后再降低营养标准，尽量延长高峰的时间。另外，由于不同的季节气温变化对鸡采食量影响很大，所以在能量水平一致的情况下，冬季由于采食量增加，可适当减少配方中的蛋白质含量。总之，要根据环境条件和鸡群状况的变化，及时调整日粮配方中各种营养成分的含量，以适应鸡的生理和产蛋需要，这是保持鸡群健康高产、节约饲料的重要措施。

（2）在管理上要做好以下几方面工作　①尽量保持环境安静，防止应激反应发生。产蛋鸡富于神经质，对环境变化反应敏感，特别是在产蛋高峰期，神经高度兴奋，易受惊吓，造成应激，如突然的响声、晃动的灯影、新奇颜色、光照变化等环境条件的突然变化都可以引起惊群，造成产蛋量下降，产软壳蛋等。为此，在管理上要做到“定人、定群”，按时作息，每天工作程序不要轻易变动，减少出入鸡舍次数，保持鸡舍环境安静。这一时期无特殊情况，不要安排免疫、驱虫，严禁调群和投影响食欲的药物，否则因环境条件突然变化，鸡群产蛋高峰迅速下滑。②注意饮水供应。产蛋高峰期鸡产蛋多，吃料多，饮水量增加，因此要经常不断地供应清洁饮水。③注意防病。产蛋高峰期鸡体易感染疾病，此时一旦发病，就会使产蛋高峰迅速下降，严重影响全年产蛋量，所以应加强防疫工作。

71. 怎样安排鸡群产蛋后期的饲养管理？

蛋鸡经过产蛋高峰后体内营养消耗很多，体质下降。到产蛋后期鸡的产蛋量逐渐下降，同时由于体内钙质消耗过大，蛋壳质量也逐渐下降。此阶段要做好三点：一是适时调整饲料配方，降低饲料中蛋白质含量，以防止鸡体过肥而影响产蛋，同时降低饲料成本；二是补钙，在正常饲料之外另外补加颗粒状蛎壳，直径从米粒大到黄豆大均可，每周添加 2 次，每次每只鸡添加 5 克，于下午捡蛋后撒在料槽中。三是及时发现并淘汰停产鸡，以节省饲料。

72. 怎样安排养鸡的日常工作？

每天的日常工作，应按饲养规程、防疫制度等进行操作和管理，及时发现和解决生产中的问题，保证鸡群健康高产。

（1）观察鸡群　观察鸡群的目的在于掌握鸡群的健康与食欲

状况，捡出病鸡和死鸡，检查饲养条件是否合理。观察鸡群最好在清晨或夜间进行。夜间鸡群平静，有利于检出患呼吸器官疾病的鸡只，如发现异常应及时分析原因，采取措施。鸡的粪便可以反映鸡的健康情况，要认真观察，然后对症处理，如巧克力粪便是盲肠消化后的正常排泄物，绿色下痢可能由消化不良、中毒或鸡新城疫引起，红色或白色粪便可能由球虫、蛔虫或绦虫病引起。另外，要经常淘汰病鸡与停产鸡，以减少饲料浪费，提高经济效益。

（2）捡蛋　捡蛋是正常管理工作中的重要内容之一。及时捡蛋，能减少鸡蛋相互碰撞造成的破损和粪便造成的污染。捡蛋时要轻拿轻放，尽量减少破损；发现产在笼内未及时滚入集蛋槽中的蛋要及时勾出，以免由于鸡的践踏而增加破损。捡蛋发现破损蛋时，要及时将流在集蛋槽上的蛋液清除干净，以免污染其他蛋。保持蛋盘或蛋箱的清洁干燥，每次用过的蛋盘或蛋箱应清洗、消毒并晾干备用。用蛋箱捡蛋时箱底应铺上干燥清洁的垫料。捡出的蛋要按健康蛋、畸形蛋、脏蛋、破蛋分类码放。每天应统计蛋数和称蛋重。

（3）防止应激反应　对产蛋鸡来讲，保持环境稳定，创造适宜的饲养条件至关重要。特别是轻型蛋鸡，对环境变化非常敏感，任何环境条件的突然变化，如抓鸡、注射、断喙、换料、停水、光照制度改变、灯影晃动、新奇颜色、飞鸟窜入等，都可以引起鸡群惊乱而发生应激反应。

（4）防止啄癖　不仅笼养育成鸡容易发生啄癖，笼养产蛋鸡的啄癖发病率也较高，特别是在光照强度较大的情况下，啄癖更易发生。开放式鸡舍靠鸡舍外周的鸡笼光线较强，可采取适当的遮阴措施，有助于降低啄癖发病率。

（5）做好记录　为了统计计算经济效益，随时掌握生产情况，每天要对产蛋量、饲料消耗量、存活、死亡和淘汰鸡数以及定期称测的蛋重、体重等做好记录，做到心中有数。

73. 春季怎样维持蛋鸡高产稳产?

春季气温逐渐上升，日照时间逐渐加长，鸡体内代谢旺盛，性腺激素分泌机能增强，是鸡繁殖与产蛋的天然旺季。

在饲养上要求饲料量要充足，让鸡吃饱吃好，分次饲喂的可增加饲喂次数，每天喂料 4～5 次，适当提高饲粮中营养物质含量，尤其是饲粮中粗蛋白质、维生素和矿物质的给量一般在实际产蛋量的基础上增加 5%～10%。

在管理上注意保持舍内清洁卫生，因为春季天气暖和，利于各种微生物滋生繁殖，应加强对各种疫病的预防，最好在天气转暖之前进行一次彻底的消毒，并注意对饲喂、饮水用具的日常洗刷、消毒工作；在早春北方还比较寒冷，气温变化大，南方春雨连绵，湿度大，所以应注意通风换气，防止感冒；勤捡蛋，淘汰不产蛋鸡；如果饲养种鸡，应避免混群，保证品种的纯度，种公鸡按比例搭配，保持较高的受精率；一些母鸡在产蛋时期开始抱窝，要采取有效措施，促其逐渐醒抱，对抱性强的鸡予以淘汰。

74. 养鸡为什么要供给砂砾?

鸡的胃分为腺胃和肌胃两部分，肌胃相当发达，在肌胃内部含有砂石。鸡在消化过程中，借助于肌胃的收缩，依靠砂石磨碎坚硬的食物，代替了家畜牙齿的咀嚼作用。鸡若失去砂石，进入胃内的坚硬食物就无法磨碎，因此消化能力就会下降。长期不喂砂石，肌胃软化，出现溃疡，严重时造成死亡，这就是喂砂石的主要原因。另外，砂石在鸡体内还有以下 3 种有利作用：一是增加了食物在肠道内的停留时间。鸡的消化道比较短，所喂的又是高能高蛋白质饲料，通过消化道时消化不完全，掺砂子后减缓了食物通过消化道的速度，增加了食物在肠道内的停留时间，使肠道上皮吸收更完全，从而提高营养物质的利用率；二是砂子可磨薄肠壁，增加了营养物质的渗透力，从而提高了营养物质的吸收率；三是考虑到目前配合饲料中粗纤维很少，含较高能量和蛋白质，这对肌胃壁有一定的腐蚀性，在地面垫料饲养条件下，鸡会吞食垫料、羽毛，饲喂砂砾可减少肌胃腐蚀，帮助研碎吃下的异物，保护肠道少受损害。

75. 鸡产薄壳蛋、软壳蛋怎么办?

鸡产薄壳蛋、软壳蛋的主要原因是：缺乏钙、维生素 D 等营养物质；处于不利环境；出现应激反应。所以应根据产生的原因分别采取相应的措施来防治。

(1) 日粮中缺乏钙、维生素 D 等营养物质　钙是鸡体所需最多的矿物质元素，蛋鸡缺钙时则产蛋减少，蛋壳变薄，产软壳蛋甚至无壳蛋；维生素 D 参与钙、磷代谢，缺乏时会影响钙、磷的吸收，产生同样的结果。蛋鸡日粮中需钙量高达 3%以上，这样高的钙如全用粉末的石灰石则影响鸡的采食量，一般在产蛋鸡日粮中只加入 1.5%～2.5%的钙，其余部分用贝壳碎片等来补充，这样可提高蛋壳强度，降低破蛋率。开放式鸡含中通过鸡晒太阳能使鸡体内的 7 -脱氢胆固醇转化为维生素 D，但密闭式鸡舍内就不能完成这种转化，必须从饲料中予以供应，产软壳蛋时，钙、维生素 A、维生素 D 一起补，效果更好。

(2) 处于不利环境　夏季鸡处在高温环境下，体热散发受阻，食欲减退，产蛋量减少，蛋壳变薄。所以应加强舍内通风，给鸡提供一个凉爽的环境来消除高温对鸡造成的影响（即应激反应）。

(3) 出现其他应激反应　蛋鸡由于代谢旺盛，神经高度兴奋，所以对环境变化的反应十分敏感。任何环境条件的突然变化，如抓鸡、注射、断喙、换料、停水、光照制度改变、噪音等，都可引起鸡群惊乱而发生应激反应，表现为产蛋量下降，产软壳蛋等，这些表现常常需要数日才能恢复正常。所以保持良好而稳定的环境条件，对产蛋鸡十分重要。防止应激反应除采取针对性措施外，应制定鸡舍管理程序，并严格付诸实施。饲养管理人员要固定，操作时动作要轻、稳，尽量减少进出鸡舍的次数，保持鸡舍环境安静。并注意鸡舍周围环境条件变化，减少突然发生的事故。

76. 产蛋鸡为什么常见脱肛、啄肛现象？怎样防治？

脱肛就是母鸡的泄殖腔或输卵管外翻，脱垂在肛门外面，造成蛋鸡脱肛的原因是输卵管松弛、肌肉收缩无力和腹内压增加等。一般多见于产蛋多且大的高产母鸡；蛋鸡开产初期太肥时也易发生脱肛；严重的便秘或下痢、难产、肛门外伤等，使母鸡频频努责，也会诱发脱肛。

脱肛后在病鸡的肛门外突出一团发红肿胀的泄殖腔（有时泄殖腔破裂），严重时还脱出一段输卵管，引起其他母鸡群起而争啄患鸡的肛门及腹部，因而脱肛也易造成鸡群啄癖，患鸡也常因肛门被啄成空洞，拉出肠道而死亡。

防治时将患鸡单独饲养，在头 3～5 天减少饲料量，使母鸡停止产蛋，并除去诱发本病的其他原因。整复时，用 2%温盐水或 0.1%高锰酸钾溶液将脱出的组织洗净，除去表面的异物和痂皮，把母鸡倒提起来，轻送回脱出部分，严重时可作“烟包式”缝合，即用一根 20～30 厘米的胶皮筋作缝合线，在肛门左右两侧皮肤上各缝合两针，将缝合线拉紧打结，3 天后拆线即可痊愈。

77. 种用蛋鸡的饲养方式有哪些？

种鸡是指担负繁殖任务的公母鸡，所产的蛋用来孵化雏鸡。种鸡饲养方式有笼养、栅（网）上饲养和地面平养，由于饲养管理水平的提高，目前鸡场和养鸡专业户多不采用地面平养方式，下面仅介绍前两种。

（1）笼养　种鸡笼养，多采用二阶梯式笼养，这样有利于人工授精技术的操作，而三阶梯式笼养种鸡，由于笼架比较高，不便于人工授精操作。种鸡笼养，采用人工授精配种，节省了大量公鸡，也相对节省了饲料，减少了大群饲养公鸡间的争配和啄斗，易于管理。

（2）栅（网）上饲养　指在离地面一定高度处设置栅架，栅架既可用木条、竹条、小圆竹制成，又可用铁丝网制成，饲养种鸡的栅架一般离地 60～80 厘米。

对于成年种鸡来说，木条栅架用的木条宽 2.5～3 厘米，空隙宽 2.5 厘米，木条走向与鸡舍的长轴平行；竹条栅架用竹竿或竹片制成，其直径或宽度与空隙一般均为 2～2.5 厘米；网状床架多用 8、10 或 12 号镀锌铁丝搭配编制，网格的大小为 2.5～3 厘米。

78. 如何满足种用蛋鸡的营养需要？

为尽可能多地获取受精率和孵化率都较高的合格种蛋，种鸡必须喂给营养全价的饲料，各种营养成分要足够，尤其是日粮中维生素、微量元素的供给要充分，一旦日粮中营养缺乏，就会引起种鸡发病，降低种蛋的受精率和孵化率。但有些微量元素含量过高，也会引起不良后果，出现中毒病状。在生产实践中，要考虑到饲料种类、鸡群状况及各种环境条件的影响，有时应加倍添加维生素。

种鸡日粮中蛋白质的含量不能太低，也不能太高，产蛋期一般掌握在 16%～17%，应根据品种、年龄、体重、产蛋率和气候等具体条件来确定。若日粮中蛋白质含量过低，则产蛋率下降；若日粮中蛋白质含量过高，不但造成饲料浪费，而且还会产生尿酸盐沉积，引发鸡痛风病。

种用蛋鸡的营养需要与商品蛋鸡基本相同。罗曼褐父母代种鸡的营养需要见表 3－15。

表 3-15 罗曼褐父母代种鸡的营养需要（推荐量）

所需营养 \ 周龄	0～8 周龄（雏鸡）	9～20 周龄（育成鸡）	21～42 周龄（产蛋鸡）	42 周龄以后（产蛋鸡）
代谢能（兆焦/千克）	11.51	11.30～11.72	11.30～11.72	11.30～11.72
粗蛋白质（%）	48.5	14.5	17.0	16.0
钙（%）	1.0	0.8	3.4	3.7
总磷（%）	0.7	0.55	0.65	0.55
有效磷（%）	0.45	0.35	0.45	0.35
钠（%）	0.16	0.16	0.16	0.16
蛋氨酸（%）	0.38	0.29	0.35	0.33
蛋氨酸+胱氨酸（%）	0.67	0.52	0.63	0.59
赖氨酸（%）	0.95	0.65	0.76	0.72
精氨酸（%）	1.10	0.82	0.97	0.92
色氨酸（%）	0.20	0.16	0.18	0.17
亚麻油酸（%）	1.4	0.8	1.5	1.2
维生素 A（国际单位）	12 000	8 000	15 000	15 000
维生素 D_3（国际单位）	2 000	2 000	2 500	2 500
维生素 E（毫克）	10	5	30	30
维生素 K_3（毫克）	3	3	3	3
维生素 B_1（毫克）	1	1	2	2
维生素 B_2（毫克）	4	4	8	8
维生素 B_6（毫克）	3	2	4	4
维生素 B_{12}（毫克）	0.01	0.01	0.02	0.02
泛酸（毫克）	8	7	18	18
烟酸（毫克）	30	30	40	40
叶酸（毫克）	1	0.5	1	1
生物素（毫克）	0.025	0.025	0.1	0.1

（续）

所需营养＼周龄	0～8周龄（雏鸡）	9～20周龄（育成鸡）	21～42周龄（产蛋鸡）	42周龄以后（产蛋鸡）
氯化胆碱（毫克）	400	300	500	500
锰（毫克）	100	100	100	100
锌（毫克）	60	60	60	60
铁（毫克）	25	25	25	25
铜（毫克）	5	5	5	5
钴（毫克）	0.1	0.1	0.1	0.1
碘（毫克）	0.5	0.5	0.5	0.5
硒（毫克）	0.2	0.2	0.2	0.2

注：表中饲料添加剂是每千克饲料中的含量。

79. 蛋用型种公鸡的饲养管理有哪些要点？

种公鸡的饲养管理水平对其种用价值影响很大，尤其在配种季节，要注意加强种公鸡的营养，在人工授精条件下强制利用的种公鸡，若营养跟不上，则会影响射精量、精子浓度和活力。因此，日粮需要补充大量营养，尤其要注意供给足够的蛋白质、维生素A和维生素E，以便改善精液品质。

笼养人工授精的种公鸡，最好单笼饲养。因为两只以上的公鸡养在一个笼内，公鸡间有同性恋的现象出现，结果多半只有一只能采出精液，另一只采不到精液。

大群配种的鸡群在开始收集种蛋前一个月把公鸡放入母鸡群中，以便使鸡群尽快形成群序。在同一个种鸡场内，若有不同批次（间隙6个月至1年）的同品种（品系）种鸡，为充分发挥“大龄”种鸡的种用价值，可采用“老♀×♂新”和“新♀×♂老”的交叉配种方法，效果较为理想。青年公鸡初放入二年母鸡群中处于受欺地位，不能正常配种，要过几周后才能正常配种。强制换羽后的母鸡群中放入青年公鸡，受精率量高。要避免部分地挪动或撤换公、母鸡，实在需要变动，只能在晚上进行。

80. 如何提高种蛋合格率和受精率？

影响种蛋合格率和受精率的因素很多，有种鸡因素、饲养管理因素、配种因素、消毒防病投药因素等等。欲提高种蛋的合格率和受精率，需做好以下几项工作：

（1）培育优良的种鸡　种鸡群体的质量对种蛋合格率和受精率的提高十分重要，体重适度、体型匀称、体况良好的鸡群才能满足配种繁殖的需要。种公鸡体重过大，就会增加腿病和脚病的发病概率，配种能力降低，失去种用价值；种母鸡体重过大，则产蛋小，受精率和孵化率降低，耗料也多。因此，无论是育成鸡还是产蛋鸡，都要把公、母鸡体重控制在标准体重范围内，在育成期采取公母分饲，并将后备公鸡日粮所需的蛋白质含量增加1%～2%，视体重状况给料，提高公鸡群和母鸡群的均匀度。育成期满选择优秀公鸡留作种用。

（2）协调好鸡群公母鸡比例　大群配种的鸡群，公母鸡的比例大小与种蛋受精率和公鸡伤残有关。若公母比例过大，那么就有部分母鸡得不到公鸡配种；反之，若公母比例过小，公鸡之间就会因争配母鸡而相互啄斗，造成伤残而影响配种。因此，在生产中必须保持公母鸡比例适宜。如果鸡群中的公鸡死亡和病弱公鸡被淘汰，使公母比例增大，应及时补充新公鸡。国内外一些种鸡场常采用更换公鸡的办法来提高种鸡群产蛋后期的受精率。一般在44～50周龄之间，将鸡群中发育不良、有病或有外伤的老龄公鸡选出一部分淘汰，然后投放一些新的公鸡（24～26周龄）。为防止鸡群排斥新的公鸡，通常在夜间将公鸡放入鸡群中，同时新投入的种公鸡必须体况良好，健康无病，具有理想的雄性特征和配种能力，与老龄公鸡为同一品种、同一代次。

（3）配备足够的产蛋箱　种鸡平养时要配备足够数量的产蛋箱，箱内要垫1/3干净的垫料，及时补充、更换，以减少破蛋和脏蛋的数量。

（4）适当进行补钙和光照　在种鸡产蛋中后期，每周要补充1～2次颗粒状贝壳粉，下午补喂效果更佳。要正确使用人工光照。公鸡每天的光照时间12～14小时，可产生优质精液，光照强度10勒克斯即可；母鸡的光照按规定程序给予。有条件的鸡场可采取公、母鸡分栋饲养，各自给光。

（5）加强疾病防治工作　要严把四道关口：一是加强进场人员的消毒，如职工进入生产区必须洗澡更衣，进场时要脚踏消毒池；二是每栋鸡舍前设一消毒池，禁止饲养员乱串鸡舍；三是定期带鸡消毒，如使用“百毒杀”定期喷雾，饮水中添加消毒药物等；四是实行免疫程序化，确保鸡群的健康。

（6）搞好人工授精　笼养种鸡采用人工授精方式配种，既充分发挥了优良种公鸡的配种潜力，降低了种公鸡的饲养成本，又提高了种蛋的受精率。

（7）做好其他管理工作　饲养人员喂食、换水、清扫、捡蛋动作要轻，防止惊群。公鸡的内趾及后趾第一关节要断去，以免抓伤母鸡或抓伤授精人员。

81. 如何收留和管理种蛋？

按种蛋标准，蛋重必须在50克以上才能用于孵化，现代鸡种一般要到24～28周龄才开始收留种蛋，以保证种蛋合格率、孵化率和健雏率高。不同品种、不同代次的种鸡，开始收留种蛋的时间略有差异。笼养种鸡每天应捡蛋5～6次，平养种鸡每天应捡蛋4～5次，以减少脏蛋和破蛋，防止细菌污染。捡蛋的次数多，种蛋破损率低，清洁卫生，细菌污染的机会相对减少。种鸡场应最大限度地减少过夜蛋，缩短种鸡在产蛋箱或蛋槽内的停留时间。捡蛋时注意轻拿轻放，钝端向上。捡出的种蛋经过初步挑选后，即送入种蛋库进行消毒保存，最好使蛋库保持恒温恒湿，在4天内送入孵化车间孵化，存蛋时间一般不要超过7天，以免影响孵化率。

82. 怎样进行种鸡群的检疫和净化？

种鸡群对疫病防治的要求比商品鸡群要严格得多，应谢绝外人参观，场内非饲养人员无必要时也不要进入鸡舍，以防疫病的传入。

种鸡场要对一些可以通过种蛋垂直感染的疾病，如鸡白痢病、霉形体病、大肠杆菌病、脑脊髓炎等进行定期检测。把检出的阳性个体严格淘汰，确认阴性个体才能留种，以求净化。目前，凡种鸡场都应进行鸡白痢净化工作，因为鸡白痢病在国内各级鸡场内均普遍存在，只不过是感染的程度不同而已。白痢病既影响育雏成活率，又影响成年母鸡的产蛋率。在净化该病时，还应推广无鱼粉日粮饲喂种鸡，因为监测发现鱼粉中含有沙门氏菌。只有持之以恒地开展检疫工作，鸡群净化才能见成效。当然，引种鸡场如果卫生防疫工作做得差，即使鸡种来自于疫病净化工作做得好的种鸡场，鸡群也可能再度感染。

83. 肉用仔鸡的饲养方式有哪几种？

（1）地面平养　是过去饲养肉用仔鸡较普遍的一种方式，适用于小规模养鸡的农户。方法：首先在鸡舍地面上铺设一层4～10厘米厚的垫料，要注意垫料不宜过厚，以免妨碍鸡的活动甚至使小鸡被垫料覆盖而发生意外。随着鸡日龄的增加，垫料被踩踏，厚度降低，粪便增多，应不断地添加新垫料，一般在雏鸡2～3周龄后，每隔3～5天添加一次，使垫料厚度达到15～20厘米。垫料太薄，养鸡效果不佳，因垫料少粪便多，鸡舍易潮湿，氨气浓度会超标，这将影响肉用仔鸡的生长发育，并易暴发疾病，甚至造成大批死亡。同时，潮湿而较薄的垫料还容易造成肉用仔鸡胸骨囊肿。因此，要注意随时补充新垫料，对因粪便多而结块的垫料，及时用耙子翻松，以防止板结。要特别注意防止垫料潮湿，首先在地面结构上应有防水层，其次对饮水器应加强管理，杜绝漏水现象和鸡饮水时弄湿垫料。常用于作垫料的原料有木屑、谷壳、甘蔗渣、干杂草、稻草等。总之，垫料应吸水性强，干燥清洁，无毒无刺激，无发霉等等。每当一批肉用仔鸡全部出栏后，应将垫料彻底清除更换。

（2）网上平养　所谓网上平养，即在离地面约 60 厘米高处搭设网架（可用金属、竹木等材料搭架），架上再铺设金属、塑料或竹木制成的网、栅片，鸡群在网、栅片上活动，鸡粪通过网眼或栅条间隙落到地面，堆积一个饲养期，在鸡群出栏后一次清除。网眼或栅缝的大小以鸡爪不能进入而又能落下鸡粪为宜。采用金属、塑料网的网眼形状有圆形、三角形、六角形、棱形等（塑料网的网眼多为六角形），常用的规格一般为 1.25 厘米×1.25 厘米。网床大小可根据鸡舍面积灵活掌握，但应留足够的过道，以便操作。网上平养一般都采用手工操作，有条件的可配备自动供水、给料、清粪等机械设备。该种饲养方式是目前肉用仔鸡饲养的主要方式。

（3）笼养　肉用仔鸡笼养 20 世纪 70 年代初在欧洲就已出现，但不普遍，主要原因是残次品多和生长速度不及平养。近年来改进了笼底材料及摸索出了适合笼养特点的饲养管理技术，肉用仔鸡笼养又有了新的发展。目前，我国广大养鸡户越来越广泛地采用笼养肉用仔鸡，力求在有限的鸡舍面积上饲养更多的肉用仔鸡。

（4）笼养与地面平养相结合　这种饲养方式的应用，我国各地多是在育雏期（出壳至 28 日龄）实行笼养，育肥期（5～8 周龄）转到地面平养或网上平养。

育雏期舍温要求较高，此阶段采用多层笼育雏，占地面积小，房舍利用率高，环境温度比较容易控制，也能节省能源。

在 28 日龄以后，将笼子里的肉用仔鸡转移到地面上平养，地面上铺设 10～15 厘米厚的垫料。此阶段虽然鸡的体重迅速增长，但在松软的垫料上饲养，也不会发生胸部和腿部疾病。所以，笼养与平养相结合的方式兼备两种饲养方式的优点，对小批量饲养肉用仔鸡具有推广价值。

84. 饲养肉用仔鸡实行“全进全出制”有什么好处?

现代肉用仔鸡生产无论是地面平养，还是网上饲养或笼养，均普遍采用“全进全出”的饲养制度。所谓“全进全出制”是指在同一栋鸡舍同时间内只饲养同一日龄的雏鸡，经过一个饲养期后，又在同一天（或大致相同的时间内）全部出栏。

这种饲养制度的优点是：在饲养期内环境条件（温度、湿度、光照等）便于控制，有利于机械化作业，劳动效率高；可灵活进行日粮调整，能提高鸡群的相对增重率，并可降低饲料消耗；便于管理技术和防疫措施等的统一化，也有利于对新技术的实施；第一批出售、下批尚未进雏的1～2周的休整期内，鸡舍内的设备和用具可进行彻底打扫、清洗、消毒与维修，这样能有效地消灭舍内的病原体，切断病源的循环感染，使鸡群疫病减少，死亡率降低，同时也提高了鸡舍的利用率。

当然，实行“全进全出制”需要制订一个全年生产与周转计划，拥有相当规模的种鸡和孵化厂，或有充足的雏鸡来源，方能满足鸡舍一次入雏的大批数量要求。同时也必须具有相应的饲养设备与管理技术水平，才能取得预期效果。

85. 怎样控制肉用仔鸡舍内的环境条件?

肉用仔鸡生产的特点是：在高饲养密度、饲喂高能高蛋白日粮条件下实现肉用仔鸡快速生长，但是必须在充分满足某环境条件下，才能使肉用仔鸡的生产力得以充分实现。影响肉用仔鸡生长的环境条件有温度、湿度、通风换气、饲养密度、光照和卫生等。

（1）温度　肉用仔鸡舍内的适宜温度，第一周为35～33℃，第二周为32～29℃，第三周为29～26℃，第四周为26～23℃，从第五周起，鸡舍内的环境温度应保持在20～23℃。肉用仔鸡在上述的适宜温度环境中，能获得较高的成活率、增重速度和饲料报酬。如果鸡舍内温度不正常，使肉用仔鸡处于高温或低温环境中，就会降低其生产效率。因此，在肉用仔鸡的整个饲养期内都要注意对鸡舍内温度的控制。控制方法可在舍内适当位置放置温度计进行观测，并采取一定措施进行降温或升温调节。如在炎热的季节或地区，鸡舍内气温较高时，可加大舍内通风量，打开门、窗及通气孔，开启风扇或排风机，使舍内温度降下来，必要时还可用冷水喷洒地面或屋顶喷雾的措施进行降温。在寒冷季节，应加强鸡舍保温取暖工作，关闭门窗或用塑料薄膜覆盖，但同时要考虑适当的通风换气。在舍内用火炉、烟道、暖气或红外线等取暖。另外，在建造鸡舍时，屋顶、墙壁要用隔热保温性能好的材料，这对鸡舍的防寒和防暑都非常重要。

（2）湿度　肉用仔鸡对湿度的要求与蛋用型鸡基本相同，理想的相对湿度为60％～65％。其控制方法是在鸡舍内放置湿度计进行观测，在育雏初期舍内过于干燥时，可适当用水喷洒地面过道或四周墙壁，也可在热源上放水盆蒸发水汽，以增加舍内湿度。随着肉用仔鸡日龄增加，采食量、饮水量、呼吸量及排泄量与日俱增，舍内温度又逐渐下降，特别是在盛夏和梅雨季节，很容易发生湿度过大的情况。因此，对鸡舍湿度的控制，最重要的是防潮问题。常用于鸡舍防潮的措施主要有：及时清除舍内潮湿的粪便和垫料，增加舍内的通风换气量，在鸡舍地面铺设防潮层，避免饮水系统漏水现象等等。

（3）密度　饲养密度直接关系到肉用仔鸡的生长发育、成活率和经济效益。饲养密度小，虽然对肉用仔鸡的生长发育有利，但不能充分挖掘鸡舍、设备和人员的生产潜力，增加了取暖费用，降低了养鸡的经济效益；饲养密度过大，使肉用仔鸡活动受限，生长发育缓慢，羽毛生长不良，也使鸡舍内空气污浊，湿度增大，易诱发啄羽、啄肛等恶癖，宰后屠体等级下降，饲料转化率、肉用仔鸡出栏成活率低。肉用仔鸡合理的饲养密度与鸡舍类型、饲养方式、垫料质量、季节、日龄和出栏活重等因素有关。采用地面厚垫料平养时，因食槽、水槽占用地面，且污染性较大，饲养密度宜低些。一般 1～2 周龄肉用仔鸡，每平方米地面宜养 25～40 只，3～4 周龄宜养 15～25 只，5～8 周龄宜养 10～15 只。另外，还应与肉仔鸡出栏活重结合起来考虑，如出栏活重在 1.3 千克以下，则后期饲养密度应为 18～20 只/米^2；出栏活重 1.3～1.7 千克，饲养密度应为 15～18 只/米^2；出栏活重 1.7～1.9 千克，饲养密度为 13～15 只/米^2；出栏活重 1.9～2.3 千克，饲养密度为 10～12 只/米^2。如采用阀上平养或笼养时，鸡和粪便分离，污染性小，食槽、水槽可挂于笼外，饲养密度可以高一些。一般网上平养后期的饲养密度宜为每平方米网面 18～20只，笼养后期的饲养密度可为每平方米笼底面积 20～25 只。此外，根据季节等环境的变化，饲养密度也随之改变，如冬季饲养密度可以大一些，而夏季饲养密度应小一些，通风条件不好的，饲养密度应小一些。

（4）光照　肉用仔鸡与蛋用雏鸡的光照制度完全不同。对蛋用雏鸡光照的主要目的是控制性成熟的时间，而对肉用仔鸡光照的目的是延长采食时间，促进生长。一般肉用仔鸡舍多采用 24 小时光照，也有的鸡场雏鸡 3 日龄前采用 24 小时光照，4 日龄以后采用 23 小时光照，1 小时黑暗，这样能使鸡有一个适应黑暗的习惯，以免碰到停电时而惊群。

由于肉用仔鸡需要的光照时间较长，因而除自然光照外还要补给人工光照。在采用人工光照时，一定要注意光照度。在 3 日龄前，为了让雏鸡熟悉料槽、水槽位置和舍内环境，可采用较强的光照，每平方米地面用电灯 4～5 瓦。其余时间均以弱光照有利，每平方米地面用电灯 1 瓦左右，一般 20～30 平方米的鸡舍有一个 25～40 瓦电灯泡悬挂于 2 米高处即可，这样有些弱雏在吃不饱时，可以继续采食，而鸡群仍然可以照常睡眠。此外，夜间给光还能有效地防止兽害，又不会引起惊群。

(5) 通风换气　肉用仔鸡一般采用高密度饲养，生长速度快，代谢旺盛，吃食多，排便多，特别是采用地面厚垫料饲养，易产生不良气体。如果鸡舍通风换气不良，往往使舍内温度过大，有害气体增加，造成肉用仔鸡增重减缓，饲料利用率降低，胸部囊肿发病率增加，屠体等级下降，死亡率提高，因此，饲养肉用仔鸡必须加强鸡舍的通风换气，保持鸡舍垫料干燥，空气新鲜，使舍内相对湿度低于70%，有害气体氨、硫化氢和二氧化碳的含量分别低于20毫克/千克、10毫克/千克和0.5%。

鸡舍通风方式有自然通风和机械通风两种。自然通风是靠风力或温差作用达到通风目的，机械通风是利用通风机械强制将新鲜空气与舍内气体进行交换。鸡舍通风量一般应根据舍内温度、湿度和有害气体浓度等因素综合确定，在大型现代化鸡场，鸡舍安装通风控制设备。但目前多数养鸡户还没有这种设备，可根据自己的嗅觉和感觉来掌握舍内通风量。如进舍时嗅到氨味较浓，有轻微刺眼或流泪时，此时氨气浓度已超过允许范围，应马上采取通风措施，如加大通风量或更换垫草等。在通风换气时，要考虑保温和通风的关系，通风时改变了舍内温度，通风完毕后，恢复到通风前的舍内温度。采用火炉取暖时，一定要防止火炉倒烟，以免发生煤气中毒。如果有倒烟，应根据具体情况适当通风。

86. 怎样给肉用仔鸡配合日粮?

肉用仔鸡生长快，饲养期短，日粮中必须有较高能量和蛋白质含量，而且对维生素和矿物质的要求也很严格。据介绍，从我国目前的实际情况出发，结合生产性能和经济效益，肉用仔鸡日粮的能量水平为12.1～12.5兆焦/千克；蛋白质含量，饲养前期不低于21%，后期不低于19%，其经济效益比较合算。当然还要注意满足必需氨基酸特别是蛋氨酸、赖氨酸的需要。各种维生素和微量元素添加剂按规定添加，但要注意产品质量。

目前饲养快大型肉用仔鸡，饲养期可分为三个阶段，0～21日龄为饲养前期，22～42日龄为饲养中期，42日龄以后为饲养后期。按我国现行肉用仔鸡饲养标准要求，0～21日龄：蛋白质21.5%，代谢能12.54兆焦/千克；22～42日龄：蛋白质20.0%，代谢能12.96兆焦/千克；42日龄以后：蛋白质18.0%，代谢能13.17兆焦/千克。

肉用仔鸡饲粮配方应以饲养标准为依据，结合当地饲料资源情况而制定。在设计饲粮配方时不仅要充分满足鸡的营养需要，而且也要考虑饲料成本，以保证肉用仔鸡生产的经济效益。肉用仔鸡的饲粮配方见表3-16。

表3-16　肉用仔鸡典型饲粮配方

饲料种类及其营养成分	0～3周龄饲粮配方			4～7周龄饲粮配方		
	1	2	3	1	2	3
玉米	60.71	63.1	31.0	68.1	47.05	51.58
高粱					15.0	15.0
碎米			30.0			
米糠					2.0	2.0
豆饼	14.0	10.0	25.0	20.0		
豆粕					18.5	17.5
棉籽饼	15.0	10.0				
菜籽饼		8.0		3.0		
鱼粉	9.0	7.0	10.0	7.0	7.0	6.0
肉骨粉					3.0	3.0
动物油			1.8		6.0	3.8
骨粉	0.5	1.0	1.5			
贝壳粉			0.5			
磷酸氢钙	0.6	0.5		1.6	0.7	0.3

（续）

饲料种类及其营养成分	0～3周龄饲粮配方			4～7周龄饲粮配方		
	1	2	3	1	2	3
碳酸钙					0.4	0.5
蛋氨酸	0.11	0.14			0.1	0.07
赖氨酸	0.1	0.16	0.2			
食盐		0.1		0.3	0.25	0.25
代谢能（兆焦/千克）	12.41	12.28	12.83	12.75	13.59	13.18
粗蛋白（%）	24.0	21.5	21.3	19.8	20.40	19.70
粗纤维（%）	4.3	4.21	2.4	2.80	2.50	2.40
钙（%）	0.89	0.91	1.21	0.90	1.11	0.99
磷（%）	0.63	0.06	0.71	0.73	0.80	0.70
赖氨酸（%）	1.29	1.49	0.96	1.04	1.01	0.95
蛋氨酸（%）	0.47	0.5	0.42	0.32	0.40	0.35
胱氨酸（%）	0.30	0.35	0.09	0.30	0.30	0.31

87. 怎样提高肉用仔鸡的采食量？

肉用仔鸡采食量的大小对其增重速度和饲料利用率有很大影响。采食量大的鸡，增重快，出栏时间早，饲料利用率高。所以，在一定条件下，促使肉用仔鸡多采食饲料，多消化吸收其中的营养物质，对提高增重速度和饲料利用率大有好处。

（1）在适宜的温度范围内　低温条件下鸡的食欲好，采食多。因此，在夏季天气炎热时，要加强舍内通风，降低舍温，并可早晚增加光照，以便增加采食量。

（2）要重视日粮的全价性，提高日粮的适口性，必要时可添加调味剂，以增强食欲，诱使肉用仔鸡多采食。

（3）鸡具有喜食颗粒料的习性，且颗粒料外硬内软，进入嗉囊后容易软化破碎，缩短采食、消化的时间，鸡容易增加饥饿感而增加采食量，故有条件的应尽量喂给颗粒料或破碎料。

（4）采取适当的加工工艺 原料在加工过程中，受热程度不一。有的是加工粉碎的摩擦热量，有的特需 80～100℃加温制粒温度，也有些原料如豆饼、棉籽饼等，含有抗胰蛋白酶、锦籽酚等有害物质，需加热处理，这些原料的加工过程，不仅是制作工艺要求所必需，同时加热也破坏了一些有害物质，并使原料带有燥香味，使肉用仔鸡增加了食欲。

（5）建立良好的条件反射 无论是机械化控制还是人工操作，定时定点上料，有利于肉用仔鸡建立采食条件反射，保持旺盛的食欲，从而增加采食量。

（6）自由采食、自由饮水的情况下，少喂勤添，保证饮水，经常保持有良好的食欲，这也是提高肉用仔鸡采食量的有效办法。

88. 怎样确定肉用仔鸡的出栏时间？

肉用仔鸡到什么时间出栏屠宰，直接关系到饲养者的经济效益。在生产实际中，饲养者关心的主要是以最短时间获得最大增重，同时也计算何时上市饲料利用率最高，经济效益最好。由于肉用仔鸡的品种和性别不同，致使它们在同一时间的体重大不一致，因而出栏时间也不一样。如地方品种肉仔鸡多在 90 日龄左右出栏，体重达 1.5 千克以上。而引进的杂交肉用仔鸡，母鸡在 7 周龄后，增重速度相对减慢，饲料消耗急剧增加，如果这时体重已达 1.75 千克以上，即可出栏屠宰；公鸡在 9 周龄仍保持较快的增重速度，可延至 9 周龄出售。对于市场需求来说，活重在 2 千克以上的鸡，可按腿、胸、背与颈、翅等部分分割，按质论价出售，会受到消费者的欢迎。因此。在安排自用仔鸡出栏期时，要综合考虑商品鸡的生产性能、饲养管理水平、出栏体重、饲料转化率、饲料和商品价格、上市季节及全年饲养批次等因素，通过经济效益分析和核算，确定最佳上市周龄。在核算时，将不同饲养天数的平均体重、饲料转化率、出栏成活率、饲养密度、全年周转批数、总支出、每千克商品鸡价格、每千克增重纯收益、每平方米鸡舍年纯收益等数据列表加以比较，便可在不同饲养期及相应活重范围内，按经济效益大小，筛选出最佳出栏期与相应活重。

一般来说，对于引进的杂交肉用仔鸡，若采用全进全出制公母混群饲养，综合考虑各种因素，出栏日期安排在7～8周龄、体重2.0～2.5千克比较合适。

89. 怎样提高肉用仔鸡的出栏质量？

随着国内禽肉市场的兴旺和外贸出口的扩大，如何改善肉用仔鸡的上市质量，提高商品等级，已成为直接关系到养鸡生产的经济效益不容忽视的最后一个重要环节。为此，在饲养后期，要避免出现因生产性腿疾、挫伤、骨折或胸囊肿而导致商品规格下降。应采取措施是保持垫料松软干爽，及时调整饲养密度，保持鸡舍通风换气良好、饲槽高度适宜，注意日粮营养充足均衡，防止上述“生产病”的发生。统计资料表明，肉用仔鸡出栏时，抓鸡、装运过程中的粗暴操作是造成碰伤的主要原因，而商品规格降级有一半是因碰伤造成的。因此，在抓鸡、装笼和卸车时，必须轻捉轻放，操作谨慎，最好在夜间进行，采用蓝色或红色微弱灯光照明，以减少鸡群的应激反应。抓鸡时不可逮颈或翅，应使用专用捉鸡钩捉其双脚。运输过程中尽量保持平衡，避免颠簸和急刹车。上市鸡应装于专用的鸡笼中，笼底铺垫软草或草垫子，笼网应无锐刺。另外，饲养优良品种，饲养期内有效防治疾病（如马立克氏病、皮肤链球菌病等），合理用药，避免某些药物在屠体内残留等，也是提高肉用仔鸡出栏质量的重要措施。

90. 什么是优质型肉鸡？优质型肉鸡应具备哪些标准？

优质肉鸡又称精品肉鸡。中国的优质肉鸡强调风味和口感，而国外强调的是长速，但国外专家也已经认识到了快速生长使鸡肉品质下降。实际上优质肉鸡是指包括黄羽肉鸡在内的所有有色羽肉鸡，但黄羽肉鸡在数量上占大多数，因而一般习惯用黄羽肉鸡一词。我国地域宽阔，各地对优质肉鸡的标准要求不一，如南方粤港澳活鸡市场认可的优质肉鸡需达到以下标准：①临开产前的小母鸡。如饲养期在120天以上的本地鸡；饲养90～100天以上的仿土鸡。②具有“三黄”外形，有的品种羽毛为黄麻羽或麻羽，胫为青色或黑色。③体型浑圆、羽毛油光发亮、冠脸红润、腔骨小。④肉质鲜美、细嫩，鸡味浓郁；屠宰皮薄、紧凑、光滑、呈黄色，皮下脂肪黄嫩，胸腹部脂肪沉积适中。

近20年，凭借我国丰富地方品种资源和一些国外品种，我国培育了一批改良品种和配套品系，优质鸡的生产也在全国展开，市场由原来的香港、澳门、广东向上海、江苏、广西、浙江、福建扩展，并向湖南、湖北、甘肃、河南、河北等北部省（直辖市）延伸。优质肉鸡一词的内涵和外延有了较大变化，众多专家学者从鸡的血统、外貌、肉品质、屠宰年龄、上市体重和市场接受程度等角度阐述优质肉鸡的标准。但普遍认为，优质鸡是指生长较慢、性成熟较早、具有有色羽（如三黄鸡、麻鸡、黑鸡和乌骨鸡等）；宽胸、矮脚、骨骼相对较小而载肉量相对较多；皮薄而脆，肉嫩而实，骨细，脂肪分布均匀，鸡味浓郁，鲜美可口、营养丰富（一些鸡种还有药用价值）的鸡种。

优质肉鸡除生产活鸡外，被大批生产加工成烧鸡、扒鸡等，以肉质鲜美、色味俱全而闻名，商品价值明显高于肉用仔鸡。

目前在我国南方市场，优质肉鸡占肉鸡的70%～80%，其中港澳台约占90%以上。我国北方约占20%，主要集中在北京、河南、山西等省（直辖市）。中国优质肉鸡的发展有由南方向北方不断推移的趋势。

91. 优质型肉鸡的管理要点有哪些？

（1）优质型肉鸡的饲养方式　优质肉鸡的饲养方式除可以采用与速长型肉鸡相同的方式外，还可以采用较大空间的散养，如在果园、林地、荒坡、荒滩等处设置围栏放养，有的也采用带运动场的鸡舍进行地面平养。为了提高优质肉鸡的成活率和生长速度，一般在6周龄前采用室内地面平养，6周龄后采用放养。这样，鸡既可采食自然界的虫、草、脱落的籽实或粮食，节省一些饲料，又可加强运动，增强体质，肌肉结实，味道更好。

（2）优质型肉鸡的阶段饲喂　根据生长速度的不同，黄羽肉鸡可按“两阶段”或“三阶段”进行饲喂。两段制分为0～4周龄和4周龄以后；三段制分为0～4周龄、5～10周龄和10周龄以后。由于优质肉鸡的种质差异很大，各阶段饲料营养水平也不尽相同。但一般前期可以饲喂能量较低、蛋白质含量较高的饲料，后期为了增加肌肉脂肪的沉积，同时提高饲料蛋白质的利用率，应降低日粮蛋白质含量，适当提高能量。

（3）优质型肉鸡的饲养管理技术要点

1）选雏　雏鸡必须来自健康高产的种鸡。初生雏鸡平均体重在35克以上，大小均匀，被毛有光泽，肢体端正，精神活泼，腹大小适中，没有脐出血、糊肛现象。

2）进雏　适宜的温度是保证雏鸡成活的必要条件。开始育雏时，热源边缘地上5厘米处的温度以32～35℃为宜，育雏室的温度要维持在25℃左右，并保持温度稳定。在鸡舍内或育雏器周围摆好饮水器，围好护围，饮水器装满清水。

3）开食与饲喂　雏鸡一般在24～36小时内开食。雏鸡的饮水通常与开食同时进行。如果雏鸡孵出时间较长或雏体较弱，可在开食的饮水中加入5%的蔗糖，有利于体力的恢复和生长。一开始就喂雏鸡肉仔鸡前期的全价料，不限量，自由采食。

优质肉鸡的喂料原则是敞开饲喂，自由采食。要求有足够的采食位置，使所有鸡能同时吃到饲料。一般4周龄前喂小鸡料，5～8周龄后喂中鸡料，8周龄后喂育肥料，这一时期鸡生长快，容易肥，可以在饲料中加2%～4%的食用油拌匀喂鸡。采用这种方法喂出来的鸡肥，羽毛光亮，肉质香甜，上市价格高。饲料转换要逐步过渡，新料由 1/3 增加到 1/2，再增至 2/3，5～7 天全部换上新料。

4）饲养密度　适当的加大饲养密度，可增加肉鸡的产量，提高经济效益。密度过小造成设备和空间的浪费；密度过大容易引起垫料潮湿，空气污浊，羽毛不良，易发生啄癖，生长缓慢，死亡率高，屠体等级下降。具体应用时应结合鸡舍类型、垫料质量、养鸡季节等综合因素加以确定。

5）环境要求　提供适宜的温度、湿度，合理的通风换气及光照制度，有利于提高肉鸡成活率、生长速度和饲料利用率。①温度：适宜的温度是保证雏鸡成活的必要条件。开始育雏时以 32～35℃为宜，随着鸡龄的增长，温度应逐渐降低，通常每周降低 2～3℃，到第 5 周龄时降到 21～23℃。②湿度：雏鸡从相对湿度较大的出壳箱被取出，如果转入过于干燥的育雏室，雏鸡体内的水分会大量散发，腹中剩余的卵黄也会吸收不良，脚趾干枯，羽毛生长减慢。因此，在第 1 周龄内育雏室应保持在60%～65%的湿度。两周后保持舍内干燥，注意通风，避免饮水器洒水，防止垫料潮湿。③光照：为了促进采食和生长，开始采用人工补充光照。育雏头两天连续照 48 小时，而后逐渐减少。光的照度在育雏初期时强一些，而后逐渐降低。

6）公母分群饲养　公母雏鸡对环境、营养的要求和反应有所不同，表现为生长速度、沉积脂肪能力和羽毛生长速度等方面有所差异。在同一期内生长速度公鸡比母鸡快 17%～36%。若公母分群饲养，可适当调整营养水平，实行公母分期出栏。

7）断喙　对于生长速度比较慢的肉鸡，由于其生长期比较长，需要进行断喙处理。断喙方法和要求与蛋鸡相同。

8）加强卫生防疫　鸡舍和运动场要经常清扫，定期消毒，鸡群最好能驱 1～2 次蛔虫。还要做好鸡病的接种预防和药物预防工作，鸡场要远离村庄，不要靠近交通干道，并建围墙，防止其他家禽进入，以免传播疾病。

第四篇　鸭的饲养管理

92. 蛋用型鸭的养育是怎样划分的？

根据鸭的生长发育规律和饲养管理上的特点，可将蛋用型鸭饲养期分为育雏期、育成期和产蛋期。从幼鸭出壳到离温前需要人工给温的阶段称为育雏期，这一阶段的幼鸭称为雏鸭，一般所指的育雏期为0～4周龄。从脱温后到产蛋前这一阶段称之为育成期，此阶段的青年鸭称为中鸭或育成鸭，一般所指的育成期为5～18周龄，种用鸭为5～20周龄。母鸭从19周龄开始产蛋至淘汰称为产蛋鸭，这个时期称为产蛋期。

93. 雏鸭的生理特点有哪些？

（1）体温调节机能较差　雏鸭绒毛稀短，在1周龄内体温较成鸭低3℃左右，在3周龄内调节体温的生理机能还不完善，不能抵御低温环境，必须予以保温育雏。

（2）生长发育快，新陈代谢旺盛　雏鸭生长速度快，4周龄的体重为初生重的10倍以上。因此，为保证雏鸭的快速生长，应保证充足的饮水和供料。

（3）消化能力弱　雏鸭消化道容积小，肌胃收缩力弱，消化腺功能差，故消化能力不强，必须饲喂营养好、易消化的饲料。

（4）雏鸭胆小，易扎堆　雏鸭胆小易惊，外界环境稍有变化，就会受到惊扰。因此，在育雏期间应日夜照管，要适当控制饲养密度，防止雏鸭压死、压伤。

（5）抗逆性差，易患病　雏鸭个体小，多方面机能尚未发育完善，故对外界环境变化适应能力较差，抗病力也较弱，加之育雏期饲养密度较高，更易感染得病，因此在日常管理和放水、放牧时要特别注意减少应激，做好防疫卫生工作。

94. 蛋用型鸭育雏前应做好哪些准备？

（1）育雏时期的选择　肉鸭生产无明显季节性，可常年育雏。但在我国南方各省蛋鸭生产，一般选在2月初开始孵化，至10月底结束，具有较强的季节性。应根据饲养目的和自然条件，选择合适的季节，采取相应的育雏技术。①春鸭：当年3月至5月份孵出的雏鸭称为春鸭。这一期间气温逐渐转暖，自然界的饲料资源丰富，5月中旬正值麦作收割、早稻插秧阶段，放牧场地多。雏鸭生长快、饲料省、发育好、产蛋早，开产后会很快达到产蛋高峰。春鸭适宜作商品蛋鸭，经济效益较高。如作种鸭，要养到第二年春季才能选留种蛋孵化，经济上不合算。②夏鸭：6月至8月初孵出的雏鸭为夏鸭，在此期间气温高，多雨闷热，气候条件不适合雏鸭的生理需要，管理比较困难。由于在此期间农作物生长旺盛，前期放牧场地虽少，但早稻收割后，有15～20天的宽阔放牧期、自然饲料丰富、有利于鸭的生长发育和降低饲料成本。且饲养夏鸭无需考虑保温问题，可以早下水，早放牧。③秋鸭：8月中旬至9月份孵出的雏鸭称为秋鸭。在此期间气温由高到低，逐渐下降，雏鸭从小到大，正适合它对外界温度的生理需要。在水稻广区，晚稻的生长期长、收获延续的时间也长，对正在生长的鸭群放牧觅食很有利，可节省饲料。如秋鸭留种，产蛋高峰期正是春孵旺季，种蛋价值高。如作商品蛋鸭饲养，产蛋后期正是第二年的秋冬季节，易停产换羽，因而利用期较短，但实施较好的饲养管理技术，则产蛋期长，经济效益好。

（2）育雏场地、设施的准备、维修　接雏前要对育雏室进行全面检查，对有破损的墙壁和地板要修补，保证室内无“贼风”入侵，鼠洞要堵好；照明用线路、灯泡必须完好，灯泡个数及分布按每平方米3瓦的照度安排；安装检查供暖设备。育雏室地面最好为水泥地面，以便冲洗消毒。如为了节约成本，采用土质地面时，则要求地面土必须吸水性好，同时采用厚垫料式饲养。按雏鸭所需备好料盆、水盆。

(3) 育雏室、育雏用具的消毒　育雏室内外在接雏前2～3天应进行彻底的清扫消毒。墙壁用20%的石灰浆刷新，阴沟用20%的漂白粉溶液消毒；地面和育雏用具如圈栏板、巢穴、食槽、水槽等皆可用3%的热烧碱液浸泡、洗涤，然后再用清水冲洗干净，防止腐蚀雏鸭黏膜。整个育雏室最好用福尔马林进行一次熏蒸消毒。垫铺圈栏或巢穴的褥草应用干燥、松软、清洁、无霉烂的稻草或秸秆、木屑、刨花等。盖巢穴的棉絮、草棵或麻袋，使用前须用阳光暴晒1～2天。育雏室出入处应设有消毒池，供进入育雏舍的人员随时进行消毒。

(4) 饲料与药品的准备　要保证雏鸭一进入育雏舍就能吃到易消化、营养全面的饲料，并保持整个育雏期饲料的稳定。一般每只雏鸭4周龄育雏期需备精料2.5千克左右，优质青绿饲料5～6千克。同时要准备雏鸭常用的一些药品，如多维、土霉素、恩诺沙星、庆大霉素及各种疫苗等。

(5) 预温　雏鸭舍的温度应达到15～18℃以上，才能进鸭苗。地面或炕上育雏的，应铺上一层10厘米厚的清洁干燥的垫草，然后开始供暖。通常在进雏前12～24小时开始给育雏舍供热预温，使用地下烟道供热的则要提前2～3天开始预温。温度表应悬挂在高于雏鸭生活区域的5～8厘米处，并观测昼夜温度变化。

95. 怎样选择育雏方式？

雏鸭的培育，按照给温方式的不同，分为自温育雏和人工加温育雏两种方式。按照空间利用方式的不同，又可分为平面育雏和立体笼式育雏，平面育雏又分为地面平养育雏、网上平养育雏和地面平养和网上平养结合三种方式。

（1）自温育雏　主要利用雏鸭自身的体温，在无热源的保温器具内，以雏鸭数多少，保温器具覆盖与否来调节温度。这种育雏方式，节省能源，设备简单，但受环境条件影响较大。气温过低的冬季一般不能育雏。其方法是将雏鸭放在箩筐内，利用自身散发出的热量来保持育雏温度，箩筐内铺以垫草，通常室温在15℃以上时，可将15日龄的雏鸭白天放在柔软的垫草上，用30厘米高的竹围围成直径1米左右的小栏，每栏养20～30只。晚上则放在育雏箩筐内。若室温低于15℃时，除每日定时喂饲外，白天、晚上均放在育雏箩筐内，可在垫草中埋入热水瓶，利用热水瓶散发的热量供温。5日龄以后，根据气温的变化情况，逐渐减少雏鸭在育雏箩筐内的时间，7～10天以后，应将雏鸭就近放牧采食青草，逐渐延长放牧的时间。在育雏期间注意保持筐内垫草的干燥。

（2）人工加温育雏　主要是利用加温设备调节育雏所需要的温度。这种方式不受季节的影响，不论外界的气温高低，均可以育雏。但它要求的条件较高，能源消耗大，育雏费用较高。常用的有煤炉加温、火炕加温、红外线灯泡加温、育雏伞电热加温等。

96. 怎样给雏鸭饮水？

雏鸭首次饮水和下水活动俗称“潮水”或“开水”。育雏时，“早开饮、早开食、先饮水、后开食”是一项重要的原则。雏鸭出壳或运回后，应及时分配到育雏室休息，尽早开饮。

雏鸭有边吃料边喝水的习性，可用浅盘或饮水器饮水。饮水器或水槽要尽量靠近光源、保温伞等，其高度随雏鸭日龄增长而调整，使饮水器的边缘略高于鸭背。水要保持清洁，并要避免溅湿垫料及雏鸭身体。饮水可以是0.1%的高锰酸钾溶液或5%的葡萄糖溶液。开水时也可将雏鸭连同鸭篓慢慢浸入水中，使水没过脚趾，但不能超过跖关节，让雏鸭在水中站立5～10分钟（天热时站的时间久些，天冷时站的时间短些），这时，雏鸭受到水的刺激，十分活跃，一边饮水，一边嬉戏，生理上处于兴奋状态，促进新陈代谢，促使粪便排泄。

春末至秋初，当气温超过15℃时，可直接在冷水中开水，气温低于14℃时，容器内要加点热水，适当提高水温。在集约化式饲养规程中，几乎省去了传统饲养中雏鸭嬉水过程。在育雏期内，应保持饮水终日不断。

97. 怎样给雏鸭喂料？

（1）开食　饮水后1小时左右就可以喂食了。雏鸭出壳后第一次喂料称“开食”。雏鸭出壳后24小时左右即可开食，可用大米或小麦煮成硬饭（或采用雏鸭全价颗粒饲料），先用清水淘去饭的黏性，把小鸭围拢，在地上或盆中撒上料，让其互相啄食，经过2～3次训练，雏鸭即可“自食”。饲养员喂料要撒得均匀，同时务必细心观察，要使每只雏鸭都能吃到饲料，但也不能吃得太多，六七成饱就可以了。发现吃得较猛、较多的雏鸭，要提前捉出，关到鸭篓内，以免过饱伤食。发现吃得很少，或没有进食的雏鸭，也要捉出，单独圈在一个地方，圈得密一点，专门喂料。对于个别仍不吃食的雏鸭，要单独喂点糖水或葡萄糖水，喂糖水的工具最好是注射器，注射器头上套一根细胶皮管（可用自行车气门芯），将它插入食道内，以免糖水流入气管致死，或者用滴管套上胶皮管代替注射器喂糖水。第二遍撒料时，要注意找空隙处投撒，使雏鸭采食时不拥挤，以免互相踩踏，使体质较弱的雏鸭也有机会吃到饲料。

（2）饲料配合　雏鸭的饲料包括精料、青料、矿物质、维生素添加剂等。1～2周龄的雏鸭，饲粮中粗蛋白质水平为20%，代谢能约为11.50兆焦/千克；2周龄以后，蛋白质水平为18%，代谢能约为11.50兆焦/千克。刚出壳的雏鸭消化能力较弱，可喂给优质蛋白质含量高、容易消化的饲料，最好采用全价配合饲粮饲喂雏鸭，并根据所饲养鸭品种推荐的饲养标准拌入多种维生素添加剂。有条件的地方最好使用颗粒饲料（直径为2.5毫米），实践证明，颗粒饲料的适口性好，增重速度快，成活率高，饲喂效果好。随着雏鸭日龄的增加，逐渐减少补饲精料，增加优质青饲料的使用量，并逐渐延长放牧时间。雏鸭对脂肪的利用率差，饲料不宜添加含脂肪多的动物性饲料。自4日龄起，雏鸭的饲料中应添加砂砾，添加量1%左右为宜，10日龄前砂砾直径1～1.5毫米，10日龄后2.5～3毫米合适。每周喂量4～5克，也可设砂槽，任其自由采食。放牧鸭可不喂砂砾。

（3）饲喂方法　雏鸭喂食的基本原则是"少喂勤添"和"定时定量"，由于雏鸭的消化功能还不是很强，为防止其消化不良，所以要少喂勤添，晚上要喂2次。开头3天的饲养是很关键的，对不会自动走向料槽的弱雏，要耐心引导它去采食，使每只雏鸭都能吃到饲料，吃饱而不吃过头。3天以后，可改用料槽饲喂，槽的边高3～4厘米，长50～70厘米，这样可以防止混入鸭粪污染饲料。6日龄起就可以采用定时喂食，每隔2小时喂1次；8～12日龄每隔3小时喂1次，每昼夜喂8次；13～15日龄每隔4小时喂1次，每昼夜喂6次；16～20日龄每昼夜喂5次，白天每隔4小时喂1次，夜间每隔6小时喂1次；21日龄以后，每隔6小时喂1次，每昼夜喂4次。采用定时定量饲喂雏鸭，不仅可以保持雏鸭旺盛的食欲，也可以及时发现采食不正常的雏鸭。

在集约化饲养条件下，育雏期饲喂全价配合饲料时，一般都采用全天供料，自由采食的方法。

饲养量少的或育雏期不是采用全价配合料来喂养的饲养户，应及时地给雏鸭一些青绿饲料和动物性蛋白饲料，如青草、菜叶、蚯蚓、蝇蛆、小虾、小鱼、泥鳅等，以满足雏鸭快速生长的营养需要。并注意多放牧，让其吃活食。

98. 怎样控制雏鸭的环境温度？

在大规模饲养条件下，一般多采用给温育雏，常见有红外线灯、保温伞、烟道等设备。育雏期间所需要的适宜温度见表4-1。

表4-1 适宜的育雏温度

日龄	育雏室温度（℃）	育雏器温度（℃）
1～7	25	30～25
8～14	20	25～20
15～21	15	20～15
22～28	15	—

采用保温伞供暖时，保温伞可放在房舍的中央或两侧，并在保温伞周围围一圈高约50厘米的护板，距保温伞边缘75～90厘米。护板可保温防风，限制幼雏活动范围，防止雏鸭远离热源。从第三天起扩大护板范围，7～10天后取走护板。保温伞和护板之间应均匀地放置料槽和饮水器。直径2米的保温伞可养雏鸭400～500只。1日龄时的伞下温度控制在30～32℃，伞周围区域为28～30℃，室温为27℃。夜间外界气温低，育雏温度应比白天高1～2℃。掌握育雏温度时，应遵循鸭龄由小到大、温度循序下降的原则，切忌忽高忽低，避免温差过大。由于雏鸭的体质有强有弱，外界气温高低不同，与温度密切相关的湿度、通风条件也有差异，因此，观察育雏温度是否合适最好根据雏鸭的精神状态。温度过低时，雏鸭挤压成堆，人为分开后，又重新堆集，此时应适当升温；温度过高时，雏鸭张口喘气，远离热源，烦躁不安，饮水量增加，此时应适当降温；温度合适时，雏鸭散开活动，三五成群，食后静卧无声，伸颈展翅，呈舒展之状。

平面育雏时，保温伞的温度计应放在伞边缘距垫料或底网5厘米处，舍内温度计应在距地面约1米高处，并距热源1米以上。

笼养育雏时，一定要注意上、下层之间的温差。根据各层间的雏鸭动态，及时调整育雏温度和密度。最好在每层笼的雏鸭背高水平线上放一温度计，然后据此处温度来控制每层的育雏温度，则效果会更好。

育雏期满，要注意适时脱温。一般雏鸭的保温期为21～28日龄，适时脱温可以增强鸭的体质。过早脱温时，雏鸭容易受凉而影响发育；保温太长，则雏鸭体质弱，抗病力差，容易得病。雏鸭在4～5日龄时，体温调节能力逐渐增强。因此，当外界气温高时，雏鸭在3～7日龄可以结合放牧与放水的活动，开始逐步脱温。但在夜间，尤其在凌晨2～3点，气温较低，应注意适时加温，以免受凉。冷天在10～20日龄，可外出放牧活动。一般到20日龄左右时可以完全脱温，冬季育雏可在30日龄脱温。完全脱温时，要注意气温的变化，在脱温的头2～3天，若外界气温突然下降，也要适当保温，待气温回升后再完全脱温。

99. 怎样控制雏鸭的环境湿度?

育雏室内空气湿度过低，雏鸭易出现脚趾干瘪、精神不振等轻度脱水症状、影响健康和生长，这种情况往往在第一周出现。当湿度过高时，霉菌及其他致病微生物大量繁殖，雏鸭易发病。育雏第一周舍内湿度应保持60%～70%，有利于雏鸭卵黄吸收；第二周以后要求保持在50%～55%。这个时期常出现湿度过大的情况，特别在肉鸭生产实践中，往往湿度过大，饲养管理应注意饮水管理和做好防病工作，保持鸭舍干燥。

100. 怎样控制育雏舍的通风和光照?

在保暖的同时，一定要保持鸭舍适宜的通风，但要防止贼风和过堂风。一天内光照时间和光照强度要求如下：0～7日龄24小时；8～14日龄，18小时；15～21日龄，16小时；22日龄以后，自然光照，晚上人工补充光照（每100平方米1只20瓦灯，灯泡高度2米）。

通风与温度、湿度三者之间应互相兼顾，在控制好温度的同时，调整好通风。舍内氨气的浓度保持在每立方米 0.01 毫升以下，二氧化碳保持在 0.2%以下为宜。一般控制在人进入鸭舍时不觉得闷气，没有刺眼、鼻的臭味为宜。

阳光对雏鸭的健康影响较大，阳光能提高鸭的生活力，增进食欲，还能促进某些内分泌激素的形成及性激素和甲状腺素的分泌。禽体的 7－脱氢胆固醇经紫外线照射变为维生素 D_3，有助于钙、磷的正常代谢，维持骨骼的正常发育。如果天气比较好，雏鸭从 5～10 日龄可逐渐增加舍外活动时间，以便直接接触阳光，增强雏鸭的体质。

101. 怎样控制雏鸭的饲养密度?

饲养密度是指每平方米饲养面积上所养的雏鸭数。它直接关系到雏鸭的活动、采食、空气新鲜度。集约化观点要求密度适当，在通风许可的条件下，可提高密度。饲养密度过小，不符合经济要求，而饲养密度过大，则直接影响雏鸭生长发育与健康。实践证明，每平方米的容雏数要考虑到品种类型、日龄、用途、育雏设备、气温等条件。合理密度以每平方米饲养 8～10 只雏鸭为宜，每群以 100～150 只为宜。此外，由于种蛋、孵化技术等多种因素的影响，同期出壳的雏鸭强弱差异不小，之后又因饲养等多种因素的影响，造成强弱不均，必须定期按强弱、大小分群，并将病雏及时挑出隔离，加强饲养管理。否则，强鸭欺负弱鸭，会引起挤死、压死、饿死弱雏的事故，生长发育的均匀度将越来越差。具体的饲养密度见表 4－2。

表 4－2　平面饲养雏鸭的饲养密度（只/米^2）

季节 \ 日龄	1～10	11～20	21～30
夏季	30～35	25～30	20～25
冬季	35～40	30～35	20～25

102. 怎样掌握雏鸭子适时放水和放牧?

放水要从小开始训练，开始的头5天可与“开水”结合起来，若用水盆给水，可以逐步增加水的深度，然后由室内逐步转到室外，即逐步过渡，连续几天雏鸭就习惯下水了。若是人工控制下水，就必须先喂料后下水，且要等到雏鸭全部吃饱后才放水。待雏鸭习惯在陆上运动场活动后，就要引导雏鸭逐步到水上运动场或水塘中任意饮水、游嬉。开始时可以引3～5只雏鸭先下水，然后逐步扩大下水鸭群，以达到全部自然地下水，千万不能硬赶下水。雏鸭下水的时间，开始每次10～20分钟，以后逐步延长，随着适应水上生活，次数也可逐步增加。下水的雏鸭上岸后，要让其在背风且温暖的地方理毛，使身上的湿毛尽快干燥后，进育雏室休息，湿毛雏鸭禁止进育雏室休息。

103. 怎样控制鸭舍的清洁卫生及防鼠灭蚊、蝇?

必须按操作规程进行清洁工作，打扫场地、清除粪便、更换垫料，料槽与水槽要经常消毒。应消灭鼠害，减少对雏鸭的侵害与疫病传播。同样，也要搞好环境卫生，减少蚊、蝇对雏鸭的叮咬骚扰与疫病传播。除了装置钢板网门窗外，还需配置金属纱窗。晚间要有照明灯，每20平方米一盏40瓦灯泡即可。

104. 育成鸭的生理特点有哪些?

（1）体重增长快　如绍鸭，2周龄以后体重的绝对增长加快，6周龄达到高峰，8周龄后逐渐降低，然后趋于平稳，至16周龄的体重已接近成年鸭体重。

（2）羽毛生长迅速　如绍鸭，育雏期结束时，雏鸭身上还掩盖着绒毛，棕红色麻雀羽毛刚刚长出，而到6周龄时胸腔部羽毛已长齐，平整光滑，达到“滑底”，7周龄青年鸭已达“三面光”，8周龄已长出主翼羽，12～13周龄蛋鸭腹部已换好第二次新羽毛，15周龄蛋鸭全身羽毛已长齐，两翅主翼羽已“交翅”。

（3）性器官发育快　10周龄后，在第二次换羽期间，卵巢上的卵泡也在快速长大，12周龄后，性器官的发育尤其迅速。为了保证青年鸭的骨骼和肌肉的充分生长，必须严格控制青年鸭过早性成熟，这对提高产蛋性能是十分必要的。

（4）适应性强　青年鸭随着日龄的增长，体温调节能力增强，对外界气温变化的适应能力也随之加强。同时，由于羽毛的着生，御寒能力也逐步加强。因此，青年鸭可以在常温下，甚至露天饲养。

105. 育成鸭的饲养管理方式有哪些？

（1）放牧饲养　放牧饲养是我国传统的饲养方式。育成鸭觅食能力强，能在农田、江河、果园、水库、湖泊等地域中觅食各种天然的动植物饲料，因此进行放牧饲养可节约大量饲料，降低饲养成本。

（2）圈养　将育成鸭圈在固定的鸭舍内，不外出放牧的饲养方法称为圈养或关养。这种方法是北方常采用的饲养方式。

圈养的优点是环境可以控制，有利于科学养鸭，稳产高产。可以节省劳力，提高劳动生产效率。降低传染病的发病率，减少中毒等意外事故发生，提高成活率。

106. 怎样安排育成鸭的放牧？

（1）放牧前的训练和调教　①觅食训练：应根据放牧地的饲料类型进行针对性训练。我国大部分地区是稻田地区，放牧饲养主要是觅食落谷，因此需要训练鸭觅食稻谷的能力。方法是将洗净的稻谷用开水煮至米粒从谷壳里爆开（称开口谷），再放冷水中浸凉，由少到多逐渐添加到配合饲料中，开始时要将开口谷撒在料盆中饲料上面，之后数量大时再混入配合饲料中，直到全部用稻谷饲喂。鸭适应吃开口谷后，放牧前还要训练吃落地谷。喂料前先将一部分稻谷堆撒在地上让鸭采食，喂几次之后，鸭就学会吃落地谷。之后再训练鸭从浅水中觅食，方法是将喂食移到鸭滩边，并把一部分稻谷撒在浅水中，让鸭子去啄食。这样使鸭子慢慢建立起水下地上都能觅食稻谷的能力。在湖泊、江河、池塘、沟渠等地进行放牧的鸭群，还可训练鸭采食螺蛳的能力。方法是先调教鸭群吃螺蛳肉，然后改成将螺壳轧碎后连壳饲喂，最后直接喂给过筛带壳的小嫩螺蛳。经过调教后，鸭子养成采食整只螺蛳的习惯，最后可将螺蛳撒在浅水中，使鸭学会在浅水中采食螺蛳。②放牧信号训练：要用固定的信号和动作进行训练，使鸭群建立起听从指挥的条件反射。

（2）放牧的方法　①一条龙放牧法：此法适用于在收割后的稻田放牧。一般由2～3人管理一个鸭群。放牧时由一人在前面领路，引导鸭群前进，助手在后面两侧压阵，使鸭群形成5～10层，缓慢前行。②满天星放牧法：将鸭群赶到放牧地内，让鸭群分散在放牧地内自由采食，放牧人员定时在田边走动进行巡视。此法适合于干田块或近期不会翻耕的田块。③定时放牧法：在一天的放牧过程中，按照鸭的采食规律在采食高峰时期（上午9～10点、中午12～2点、下午4～6点）进行放牧采食，然后集中休息和洗浴。

（3）放牧注意事项　①放牧前要选择好放牧地和放牧路线。做到四不放：刚施过化肥农药的不放；未割完禾的田块不放；发生传染病的疫区不放；受“三废”污染或污浊的河流不放。②放牧要选择水浅的地方，应逆水觅食，遇到有风时，应逆风放牧，以免鸭毛被吹开，使鸭受凉。③注意根据气温和水温确定放牧的时间。夏季天热时，应在清晨或傍晚进行放牧，放牧地不能太远，防止鸭疲劳中暑。天气恶劣的时候尽量不放牧或不远牧。④检查鸭群吃食情况。如收牧时鸭嗉充盈，说明放牧效果良好，可以不补饲；如果鸭嗉较空、鸭精神不安，说明野外觅食不足，需要补饲，以免影响生长。

107. 怎样安排育成鸭的圈养？

（1）圈养鸭的饲养　圈养鸭必须喂给全价的配合饲料，保证日粮营养成分的完善。每天饲喂 2～3 次，根据理论参考喂料量确定每次给料量。饲料用混合粉料，喂饲前加适量清水拌成湿料喂。饮水要充足。

由于圈养条件下鸭活动量小，为防止育成鸭体重过大过肥或性成熟过早，影响以后的生产性能，对青年鸭必须进行限制饲养。限制饲养一般在 10～16 周龄进行。饲喂全价配合饲料，可采取限量饲喂或限时饲喂的方法。限制饲养时，要结合称测体重确定饲喂量。开始时在早晨喂料前空腹称 1 次体重，以后每 2 周抽样称测 10％的个体体重，根据体重观察鸭群的整齐度，调整鸭群和饲喂量，将鸭群体重控制在适宜范围。小型蛋鸭育成期各周龄的体重和饲喂量见表 4－3。

表 4－3　小型蛋鸭育成期各周龄的体重和饲喂量

周龄	体重（g）	参考喂料量（g/只·天）	周龄	体重（g）	参考喂料量（g/只·天）
5	550	80	12	1 250	130
6	750	90	13	1 300	135
7	800	100	14	1 350	140
8	850	105	15	1 400	140
9	950	115	16	1 420	140
10	1 050	120	17	1 440	140
11	1 100	125	18	1 460	140

（2）圈养鸭的管理

①进行合理分群，安排适宜的饲养密度。圈养鸭的规模可大可小，但每个鸭群的组成不宜太大，以 500 只左右为宜。饲养密度一般可按以下标准掌握：5～9 周龄每平方米 15～20 只，10～

18周龄每平方米8～12只。

②合理控制光照。光照时间宜短不宜长，每天光照时间稳定在8～10小时，夜间补充光照不宜用强光，光照强度3～4瓦/平方米即可。但为方便鸭夜间休息、饮水，并防止鼠害、走动引起惊群，舍内应通宵弱光照明。

③加强运动。每天定时在鸭舍内驱赶鸭做转圈运动，每天2～4次，每次5～10分钟。也可让鸭在鸭舍外运动场和水池中活动、洗浴，促进骨骼、肌肉生长，防止过肥。

④建立稳定生产规程，减少应激。合理安排采食、饮水、下水活动、上岸理毛、入舍休息等环节，并形成稳定的作息制度。饲养员多与鸭群接触，锻炼鸭群胆量，提高鸭子对环境的适应能力，防止惊群。

108. 产蛋鸭的生理特点有哪些?

（1）新陈代谢旺盛，勤于觅食 产蛋鸭代谢旺盛，消化快，觅食最勤。早晨醒得早叫得早，放牧时出舍快，四处觅食。喂料时响应快，喜抢食。此阶段营养不足可导致产蛋量下降，蛋重减轻，蛋壳质量差，体重下降等，因此除加强放牧外，还要补饲，以满足其营养需要。

（2）生活有规律，性情温顺 产蛋鸭经过前期调教饲养，已形成放鸭、喂料、光照、休息等有规律的活动。鸭进舍后安静伏卧，不乱跑、乱叫，安静休息。如果突然改变会引起产蛋量下降。

（3）胆大，喜欢离群 母鸭开产后胆大，喜欢接近人，为寻找食物，单独四处活动。

（4）高产蛋率维持时间长 蛋鸭开产日龄一般在21周龄左右，28周龄达到产蛋高峰，可维持较高产蛋率12～16周，到60周龄时产蛋率才有所下降，72周龄淘汰时产蛋率仍可达75%左右，年产蛋250～300枚。

鉴于蛋鸭在产蛋期的这些特点，在饲养上要求高饲料营养水平，在管理上，要创造较稳定的饲养条件，才能保证蛋鸭高产、稳产。

109. 怎样加强产蛋鸭的饲养管理？

根据绍鸭、金定鸭和康贝尔鸭等蛋鸭产量性能的测定，150日龄时产蛋率可达50%，至200日龄可达90%以上。在正常饲养管理条件下，高产鸭群产蛋高峰期可维持到450日龄左右，以后逐渐下降。因此，蛋鸭的产蛋期可分为以下四个阶段：150～200日龄为产蛋初期；201～300日龄为产蛋前期；301～400日龄为产蛋中期；401～500日龄为产蛋后期。

（1）产蛋初期和前期的饲养管理　这段时期的饲养管理重点是尽快把产蛋率推向高峰。按产蛋期的饲养标准，提供营养丰富全面的饲料，特别注意蛋白质和钙、磷的含量及比例。产蛋率在60%以下时，可采用粗蛋白质为15%～16%，代谢能为11.3兆焦/千克，钙和有效磷分别为2.9%和0.5%的营养水平。增加饲喂次数，白天3次，晚上一次，每只鸭平均采食在150克/天左右。光照时间应逐渐增加，至22周龄人工光照加自然光照合计达到17小时，以后保持不变，增加光照的时间，要平均加在早上和晚上，开关灯时间应固定，不能随意变动，也不能随意增加或减少光照，光照强度2.5～3瓦/米^2，夜间用弱光照明。

此阶段饲养管理是否恰当，可从产蛋率、蛋重和体重等方面判定。饲养管理正常时，产蛋率上升快，150日龄左右达50%，200日龄左右进入产蛋高峰期。多数蛋鸭品种初产蛋重40克左右，150日龄达到标准蛋重的90%以上，200日龄左右达到标准蛋重，体重符合本品种标准。

（2）产蛋中期的饲养管理　此阶段饲养管理的重点是在产蛋迅速进入高峰期后尽可能使产蛋高峰期持续时间长，应提供蛋鸭生产所需要的营养物质和稳定、安静、卫生舒适的生活环境。

这一时期蛋鸭经过连续产蛋，体力消耗大，对外界环境极为敏感，饲养管理稍有不慎，就会减产，且难以恢复。为使产蛋迅速达到高峰且长时间保持，从产蛋率达到60%起就要用营养价值更高的配合饲料，可采用粗蛋白质为17.5%，代谢能为11.3兆焦/千克，钙和磷分别为2.9%和0.5%的饲料。产蛋中期还应淘汰低产鸭以减少饲料浪费，低产鸭往往体重大，触摸肛门小，耻骨间距离小。腹部过度下垂，发生卵黄性腹膜炎的鸭也应淘汰。不易确认的鸭可挑选出来放在一边单独饲养，观察几天再决定是否淘汰。

这一阶段饲养管理是否得当，应看产蛋率能否达到高峰期的标准且能持续较长时间，同时结合观察蛋的质量。如能达到上述标准，且蛋壳质地均匀，蛋型符合品种要求，大小适中、产量稳定，说明饲养管理良好。否则应查找原因，采取相应措施。

（3）产蛋后期的饲养管理　产蛋高峰期过后，产蛋率开始下降，如饲养管理得当，产蛋率仍可维持在80%左右。应根据产蛋率和体重调整饲料质量和数量。产蛋率较高时，维持原饲料营养水平；较低时，适当降低蛋白质水平，控制体重增加，适当增加钙、磷含量。当产蛋率降至60%左右，鸭群将进入休产期。

产蛋期应严格遵守光照程序，停电时用其他光源代替，光照忽长忽短或停电会造成窝外蛋、软壳蛋、畸形蛋增多，如经常发生此类现象，会导致换羽，产蛋量急剧下降。喧哗、鞭炮声、奇光、猫狗窜入鸭舍会引起鸭群骚乱，会导致软壳蛋、畸形蛋增多，产蛋量下降。因此，应保持鸭舍环境安静，尽量避免声、光、人、物等外界环境对鸭的干扰。禁止使用霉变饲料，霉变饲料含有黄曲霉素，鸭对黄曲霉素非常敏感。饲喂霉变饲料后，鸭肝脏会严重变性、肿大、坏死、腹水增多，产蛋量明显减少，死亡率增加。免疫接种和投药是预防和治疗鸭病不可缺少的兽医处置方法，但处置不当会使鸭群采食量大减，产蛋率下降。因此，免疫接种应安排在种鸭开产前。鸭群发生疾病时，应选用不影响鸭采食量安全平缓的药物。早晨产蛋后应及时收蛋和消毒、以减少污染的机会，商品蛋也应及时送走、分级、包装、保管。作好产蛋记录，根据产蛋量的变化，分析查找原因，掌握生产状况。

110. 怎样加强蛋用种鸭的饲养管理？

我国蛋鸭产区习惯从秋鸭（8 月下旬至 9 月孵出的雏鸭）中选留种鸭，以满足次年春孵旺季对种蛋的需要，同时在产蛋盛期的气温和日照等环境条件最有利于高产稳产。饲养种鸭与饲养蛋鸭的方法基本相似，其主要目标是获得尽可能多的合格种蛋。因此，对种鸭的饲养管理要求不但要养好母鸭，还应养好公鸭。

（1）严格选择，养好公鸭　提高公鸭的配种能力，才能获得高受精率的种蛋。留种公鸭须经过育雏期、育成期和性成熟初期三个阶段的选择，以保证用于配种的公鸭生长发育良好，体格强壮，性器官发育健全，精液品质优良。饲养公鸭比母鸭早 1～2 个月，这样在母鸭开产前即可达到性成熟。在育成期公母鸭最好分开饲养，让公鸭多运动，多锻炼，生长整齐一致。对已经性成熟又未配种的公鸭应少下水，以减少公鸭之间互相嬉戏，形成恶癖。配种前 30 天左右公母混合词养，此时应多放水，诱使公鸭性欲旺盛。

（2）安排适宜的公母配比，提高种受精率　蛋用型种公鸭配种能力强，公母鸭比例一般为 1∶20。若受精率偏低，要及时查找原因，对于阴茎发育不全或精子畸形的公鸭要立即淘汰更换。

（3）加强营养，提高鸭群产蛋率和种蛋品质　种鸭饲料蛋白质水平较蛋鸭料要高，尤其是蛋氨酸、赖氨酸和色氨酸等必需氨基酸应满足需要并保持平衡。为提高种蛋受精率和孵化率，还应增加青绿饲料和维生素添加剂。

（4）加强种鸭的日常管理工作　为种鸭提供清洁、干燥、安静的环境，为得到干净的种蛋，垫料必须清洁干燥以避免污染；产蛋后及时收集种蛋，避免种蛋受潮、受晒或被粪便污染。公鸭在早晚的交配次数最多，应早放鸭，迟关鸭，增加舍外活动时间，延长下水活动时间。

111. 肉用仔鸭的饲养方式有哪几种？

肉用仔鸭肥育有放牧和舍饲两种饲养方式，生产中多采用全舍饲饲养方式，因而要求日粮全价营养。

1. 地面平养　根据房舍不同，地面可采用水泥地面、砖地面、土地面等，地面上铺设垫料。这种方式在寒冷季节因鸭粪发酵可增高舍温，但要求通风良好，否则氨浓度升高，会诱发鸭的各种疾病。

2. 网上平养　在地面以上60厘米左右铺设金属网（塑料网）或竹条、木栅条。这种饲养方式粪便可由空隙中漏下去，省去日常清圈的操作，并可减少由粪便传播疾病的概率，而且饲养密度比较大。

采用网材的网眼孔径：0～3周龄为10毫米×10毫米，4周龄以上为15毫米×15毫米。网状结构最好是组装式的。网面下可采用机械清理设备，也可用人工清理。采用竹条或木条时，竹条或栅条宽2.5厘米，间距1.5厘米，要求无刺及锐边。根据鸭舍宽度和长度分成小栏，饲养雏鸭，网壁高为30厘米，每栏可容纳150～200只雏鸭。饲养仔鸭的小栏壁高45～50厘米，其他与饲养雏鸭相同。食槽和水槽设在网内两侧或网外走道上。要注意饮水装置不能漏水，防止鸭粪发酵。

3. 笼养　目前笼养方式主要用于鸭的育雏阶段，饲养密度为每平方米60～65只。笼养可减少鸭舍和设备的投资，提高劳动效率。因育雏密度加大，雏鸭散发的体温蓄积也多，因而可节省燃料。

目前有单层笼养、两层重叠式或半阶梯式笼养。选用哪一种类型，应根据建筑情况，并考虑饲养密度、除粪和通风换气等因素。

112. 怎样安排肉用仔鸭育雏期的饲养管理？

（1）育雏前的准备 ①育雏计划的制订：育雏计划包括养鸭的品种、进雏的数量、时间、免疫程序、预防投药、用料、出栏时间及体重等。首先要根据育雏的数量，确定好育雏室的使用面积，也可根据育雏室的大小来确定育雏的数量。建立育雏记录，包括进雏时间、进雏数量、育雏期的成活率等。②育雏舍维修及消毒：进雏鸭之前，应及时维修破损的门窗、墙壁、通风孔、网板等。准备好分群用的挡板、饲槽、水槽或饮水器等育雏用具。采用地面育雏的还应准备好足够的垫料。要对育雏舍彻底清扫、消毒，地面和墙壁用30%烧碱水喷洒或用10%～20%的生石灰乳剂浇洒，注意表面残留的石灰乳应清除干净。饲槽、水槽或饮水器等冲洗干净后放在消毒液中浸泡半天，然后清洗干净。在进行育雏室内消毒的同时，对育雏室周围道路和生产区出入口等环境进行消毒净化，切断病源。在生产区出入口设一消毒池，以便于饲养管理人员进出消毒。③备好饲料及常用药品：备足营养全面、适口性好、易消化的饲料及常用药品，如恩诺沙星原粉、精制土霉素粉、多种维生素及常用的消毒药物等。④育雏舍预热：在进雏前1～2天将育雏舍加温至25～28℃。⑤雏鸭的选择：体质健壮的雏鸭是提高育雏期成活率的前提，所以要对雏鸭进行严格的挑选。健壮的雏鸭表现为大小均匀、体重符合品种要求、绒毛整洁、富有光泽、腹部大小适中、脐部收缩良好、胆大有神、行动灵活、抓在手中挣扎有力。

（2）育雏所需的环境条件 ①温度：雏鸭体温调节机能尚未健全，因此应特别注意在第一周保持适当高的环境温度，这是育雏能否成功的关键。育雏温度随供暖方式不同而略有高低。供暖方式主要有热风炉、锅炉、保温伞、红外线、火炕、烟道、煤炉等。我国北方常用火炕或烟道供热，热源利用较为经济。若采用保温伞育雏，1日龄时的伞下温度控制在33～35℃，伞周围区域为 30～32℃，室温为 27℃。若用地下烟道供暖，则 1 日龄时的室内温度保持在 29～31℃即可，2 周龄到 3 周龄末降至室温。无论采用何种供暖方式，育雏温度都应随日龄增长逐渐降低，每周降低 2～3℃。至 3 周龄降到室温，室温在 18～21℃时最好。②湿度：雏鸭身体含水量约 75%。若舍内高温低湿很容易使雏鸭脱水、羽毛发干。若群体大、密度高，活动不开，会影响雏鸭的生长和健康，加上供水不足，甚至会导致雏鸭脱水而死亡。高温高湿易诱发多种疾病，因此育雏第一周相对湿度应保持在 65%左右，要注意保持鸭舍的干燥，避免漏水，防止垫料潮湿、霉变。第二周湿度控制在 60%，以后为 55%。③密度：密度要适当，过大，雏鸭活动不开，采食、饮水困难，空气污浊，不利于雏鸭成长；而过低则房舍利用率低，浪费能源。育雏密度依品种、饲养方式、季节的不同而异。一般网上平养，1 周龄为 25～30 只/米^2；2 周龄为 15～25 只/米^2；3 周龄为 10～15 只/米^2。④光照：光照可以促进雏鸭的采食和运动，有利于雏鸭的健康生长。育雏头 3 天采用 23～24 小时光照/天，便于雏鸭熟悉环境、寻食和饮水，关灯 2 小时，使鸭能够适应突然停电的环境，防止停电造成堆集死亡。光照强度以看见采食即可，这样既省电，又可保持鸭群安静。采用保温伞育雏时，伞内的照明灯要昼夜亮着，以引导雏鸭在寒冷时进伞取暖。如果是种用雏鸭，则应从第 2 周开始逐渐减少夜间光照时间，直到 14 日龄时变为自然光照，育成期不再增加光照。⑤通风：通风的目的在于排出室内污浊的空气，更换新鲜空气，并调节温湿度。雏鸭的饲养密度大，生长速度快，排泄物多，粪便中未被消化吸收的物质多，易产生有害气体；育雏室容易潮湿，进而积聚氨气和硫化氢等有害气体。因此，保温的同时要注意适当通风，以排出潮气等。夏季通风还有助于降温。

（3）饮水　要及早开水，在开食之前开水，一般在出壳后 24～26 小时开水。开水后，必须不间断供水，保持自由饮水。

开水的方法主要有：①用鸭篮开水：通常每只鸭篮放 40～50 只雏鸭，将鸭篮慢慢浸入水中，至水浸没脚面为止，这时雏鸭可以自由地饮水，洗毛 2～3 分钟后，将鸭篮连雏鸭端起来，放在垫草上休息片刻就可开食。②雏鸭绒毛上洒水：在草席或塑料薄膜上开食之前，在雏鸭绒毛上喷洒些水，使每只雏鸭的绒毛上形成小水珠，雏鸭相互啄食小水珠，以达到开水的目的。③用水盘开水：用白铁皮做成边高 4 厘米的水盘，盘中盛 1 厘米深的水，将雏鸭放在盘内饮水、洗毛 2～3 分钟，抓出放在垫草上理毛、休息，然后开食。以后随着日龄的增大，盘中的水可以逐渐加深，并将盘放在有排水装置的地面上，任其饮水、洗浴。④用饮水器开水：即把雏鸭饮水器注满干净水，放在保温伞四周，让其自由饮水，起初要进行调教，可以用手敲打饮水器的边缘，引导雏鸭饮水；也可将个别雏鸭的喙浸入水中，让其饮到少量的水，只要有个别雏鸭到饮水器边来饮水，其他雏鸭就会跟上。随着日龄的增大，饮水器逐步撤到有利于排水的地方。

（4）喂料　①开食：传统喂法食物往往较为单一，常用焖熟的大米饭或碎米饭，或用蒸熟的小米、碎玉米、碎小麦粒等。用破碎的颗粒料直接开食，更有利于雏鸭的生长发育和提高成活率。雏鸭应适时开食。开食过早，弱雏的活动能力差，本身无吃食要求，往往被吃食好的雏鸭挤压，影响以后开食；而开食过迟，不能及时补充所需的营养，致使雏鸭养分消耗过多，降低雏鸭的消化吸收能力，进而影响生长速度，降低成活率。一般在雏鸭出壳后 24 小时左右开食。②饲粮配合：1～3 周龄的雏鸭，饲粮中粗蛋白质水平要求为 21%～22%，代谢能约为 11.5～12.0 兆焦/千克；3 周龄以后，蛋白质水平为 18%～19%，代谢能约为 11.5～12.0 兆焦/千克。刚出壳雏鸭的消化功能较弱，胃肠容积很小，但生长速度很快，育雏期末的体重是初生重的十几倍。因此，对日粮营养水平的要求特别高，日粮中的能量、蛋白质、氨基酸和维生素、矿物质等营养要全面、平衡，所配饲料应容易消化，要少喂勤添。③饲喂方法：第一周龄应让其自由采食，一次投料不宜过多，随吃随添加。否则不仅造成饲料的浪费，而且饲料容易被污染。1周龄以后可减少投料次数，采用定时喂料。每昼夜6次，一次安排在晚上，3周龄时每昼夜4次。投料时发现上次喂料仍有剩余，则酌量减少，反之则应增加一些。最初第一天投料量以每只鸭30克计算。第一周平均每天每只鸭35克，第二周105克，第三周165克，在21和22日龄的饲料内分别加入25%和50%的生长育肥期饲粮。

（5）分群　对肉用雏鸭进行选择，将雏鸭依强弱、大小分为几个小群，尤其对体重较小、生长缓慢的弱雏应精心喂养，加强管理，使其生长发育能赶上同龄健康鸭，不至于延长饲养日龄，影响填肥环节。

（6）环境卫生　雏鸭抵抗力差，要创造一个干净卫生的生活环境。随着雏鸭日龄的增大，排泄物不断增多，鸭舍或鸭篮的垫料极易潮湿。因此，垫料要经常翻晒、更换，保持生活环境干燥，所使用的食槽、饮水器每天要清洗、消毒，鸭舍要定期消毒等。此外，应搞好免疫防病工作。

113. 怎样安排肉用仔鸭生长肥育期的饲养管理

肉用仔鸭4周龄开始进入生长肥育期，习惯上将4周龄到上市这段时间的肉鸭称为仔鸭。这段时期肉鸭的自身代谢和生长发育出现了变化，相应的饲养管理措施也须进行适当的调整。

（1）肥育鸭的生理特点　大型肉鸭进入生长肥育期后，体温调节机能已日趋完善，消化机能已经健全，采食量大增，骨骼和肌肉生长旺盛，绝对增重处于最高峰。因此，这段时期要让鸭尽量多吃，配合精心的饲养管理，使其达到良好的增重效果。

（2）肥育鸭的营养需要　从4周龄开始，换用肥育期饲粮，饲粮蛋白质水平低于育雏期，而能量水平与育雏期的相同或略有提高。肥育期肉鸭生长旺盛，能量需求大。因此相对降低日粮中的能量水平能使肉鸭采食量大大增加，有利于仔鸭快速生长；而且饲料中蛋白质水平低，降低了饲料成本。育肥期的颗粒料直径可变为3～4毫米或6～8毫米。地面平养和半舍饲时可用粉料。粉料必须拌湿喂。饲粮中粗蛋白质水平要求为17%～18%，代谢能约为11.5～12.0兆焦/千克。

（3）肥育鸭的喂料与饮水　①喂料：肥育期肉鸭白天喂料3次，晚上1次，每次喂料以刚好吃完为宜。为防止饲料浪费，可将饲槽宽度控制在10厘米左右。每只鸭占有饲槽长度在10厘米以上。②饮水：饮水管理特别重要，应保证随时有清洁的饮水，特别是在夏季，白天气温较高，采食量减少，晚上天气凉爽，采食量高，不可缺水。每只鸭占有水槽长度应在1.25厘米以上。

（4）肥育鸭的环境管理　①温度：室温以15～18℃最宜，冬季应加温，使室温达到10℃以上。②湿度：环境湿度应控制在50%～55%，要保持地面垫料干燥。③光照：光照强度以能看见吃食为宜。白天利用自然光，早晚加料时增加人工光照。④密度：地面垫料平养，每平方米地面养鸭数为4周龄7～8只，5周龄6～7只，6周龄5～6只，7～8周龄4～5只。具体视个体大小及季节而定。冬季密度可适当增加，夏季可减少。气温太高，可让鸭群在室外过夜。

（5）肉用仔鸭的上市　肉用仔鸭的生长速度受诸多因素的影响，生产者应根据肉鸭的生长状况、市场需求及市场价格选择合适的上市日龄。肉用仔鸭5～7周龄处于绝对增重高峰期，7周龄后生长速度降低，所以应选择7～8周龄上市。7周龄肌肉丰满，且羽毛已基本长齐，饲料转化率高。若继续饲喂，绝对增重开始下降，饲料转化率降低。如果是生产分割肉，则建议养至8周龄，因为后期胸腿肌生长较快。由于到7～8周龄，肉鸭的皮脂较多，也有许多饲养者选择5～6周龄上市，饲养效益也较好。

114. 鸭体活拔羽绒技术要点有哪些?

（1）活拔羽绒前的准备工作　①人员准备：拔毛前应对初次参加操作的人员进行技术培训，使操作者了解活拔毛虽是一项简单的手工操作，但对鸭体来说是一种刺激，须具备一定的技术、有一定要求，以免发生事故。②天气选择：活拔羽绒最好选择在晴朗、无风的好天气，这样拔下的羽绒清洁干燥。雨天或气温降低时拔羽绒，容易诱发疾病，不利于鸭体恢复正常。③场地选择：拔毛场地应选择背风向阳的室内，以免羽绒被风吹得四处飞扬。保持室内清洁卫生，无灰尘，最好选择有水泥地面的室内，若无水泥地面，需在地面上铺垫塑料薄膜，以防止羽绒飞散到地面被尘土污染。④用品准备：拔毛前准备好盛羽绒的塑料袋，因拔毛发生皮肤破伤时所用的红药水、药棉、酒精和白酒；操作人员坐的小凳、围裙或工作服、口罩、帽子等。⑤停食、停水：活拔羽绒前一天停食，只供给饮水；活拔羽绒的当天停止供水，以防粪便污染羽绒和操作人员的衣服。⑥清洗鸭体：在拔羽绒前一天，若发现鸭体的羽毛不清洁，应放鸭嬉水或人工清洗鸭体，除去身上的污物。羽毛被淋湿的鸭，待毛干后再拔取。⑦灌服白酒：鸭在第一次拔羽绒时常产生恐惧，可在拔毛前10分钟用注射器套塑料胶管将白酒注入鸭的食道（根据体重，每只鸭灌服10毫升左右，注意导管不要插入气管），可使鸭保持安静，毛囊扩张，皮肤松弛，易于拔毛。以后再活拔羽绒就不必灌服白酒了。

（2）活拔羽绒的方法　操作人员坐下，一只手握住鸭的脖子，两腿夹紧鸭体，腹部向上，另一只手的拇指、食指和中指捏住羽绒拔。可以先拔毛片，后拔绒羽，每次拔2～3根为宜，依次一把一把往下拔，用力要均匀，动作轻快。以顺拔为主，有时也可以倒拔。所拔部位的羽绒要尽可能拔干净，要防止拔断而使羽下留在鸭的皮肤内，影响新羽绒的再生，减少羽绒的产量，拔完胸、腹部再拔体侧、腿、肩、背及翅等部位。切不可乱拔，尽量把全身应拔部位的羽绒拔干净。一边拔一边将羽绒放进收集羽绒的塑料袋内。保持羽绒自然状态，不要强压。一般来说，第一次拔毛时，由于鸭的毛孔较紧，拔羽绒时较费劲，花费时间较多，但再次拔毛时就比较容易了。技术熟练者几分钟即可拔完一只鸭，初学者大约需要十几分钟的时间拔完一只鸭。

在操作过程中，如果不小心把鸭的皮肤拔伤（破），可用红药水、紫药水或碘酒涂擦。若伤、破的皮肤部位较大，伤口较深时，为防止感染，涂药以后应将鸭单独饲养于室内，过一段时间再放牧。

（3）活拔羽绒的时间与次数　①活拔羽绒的时间：活拔羽绒的时间应在鸭体各器官发育成熟时进行，即鸭在 90 日龄之后才能进行第一次拔毛。第一次拔毛以后要根据羽绒生长的情况决定下一次拔毛的时间，一般每 40～45 天拔一次。最后一次活拔毛的时间与母鸭开始进入产蛋期之间，应有 40～45 天的间隔时间，以便让母鸭有充分的时间补充营养，恢复体力，长齐羽绒，以免影响产蛋。处于产蛋期的母鸭，不能用于活拔羽绒，因为这时活拔羽绒会导致产蛋量下降。鸭 3 年以后，由于机体逐渐衰老，新陈代谢能力降低，羽绒减少，再生能力差，毛质也降低，易拔伤皮肤，即使拔取，经济效益也不高。②活拔羽绒的次数：拔毛后 7 天开始长出毛绒，35～40 天羽毛能生长完成，50～60 天羽毛生长完毕，全身布满丰厚的羽毛，所以大约 50 天为一个拔毛周期。

第五篇　鹅的饲养管理

115. 雏鹅的生理特点有哪些？

（1）体温调节机能较差　雏鹅在7日龄内体温较成鹅低3℃，在21日龄内调节体温的生理机能还不完善，必须予以保温育雏。

（2）生长发育快，新陈代谢旺盛　雏鹅生长速度快，21日龄的体重为初生重的10倍左右，1月龄为20倍。为保证雏鹅的快速生长，应保证充足的饮水和供料。

（3）消化能力弱　雏鹅消化道容积小，肌胃收缩力弱，消化腺功能差，故消化能力不强，必须饲喂营养好，易消化的饲料。

（4）胆小，易扎堆　雏鹅胆小易惊，外界环境稍有变化，就会受到惊扰。在正常育雏温度条件下，仍有扎堆现象，低温情况下更为严重。所以在育雏期间应日夜照管，饲养密度要适当控制，防止雏鹅被压死、压伤。

（5）公母鹅生长速度不同　在同样饲养管理条件下，公雏比母雏体重多5%～25%，饲料报酬也较高。公母分饲可提高成活率，提高饲料报酬，母雏也比混饲时体重重，所以育雏时应尽可能做到公母分饲，以提高饲养的经济效益。

（6）抗逆性差，易患病　雏鹅个体小，多方面机能尚未发育完善，故对外界环境变化适应能力较差，抗病力也较弱，加之育雏期饲养密度较高，更易感染得病，因此在日常管理和放水、放牧时要特别注意减少应激，做好防疫卫生工作。

116. 鹅的育雏方式有哪几种？

（1）地面平养育雏　鹅舍最好为水泥地面，地面铺上3～5

厘米厚的垫草，将雏鹅饲养在垫草上，或者是在地势干燥的地方饲养。这种饲养方式适合鹅的生活习性，增加雏鹅的运动量，减少雏鹅啄羽的发生。但这种饲养方式需要大量的垫料，并且容易引起舍内潮湿，因此，一定要保持舍内通风良好，潮湿的垫料应及时更换，3～5天后，应逐渐增加雏鹅在舍外的活动时间，以保持舍内垫草的干燥。

（2）网上平养育雏　将雏鹅饲养在离地50～60厘米高的铁丝网或竹板网上（网眼1.25厘米×1.25厘米）。此种饲养方式的优点是雏鹅的成活率较高：在同等热源的情况下，网上温度可比地面温度高6～8℃，而且温度均匀，适宜雏鹅生长，又可防止雏鹅扎堆、踩伤、压死等现象；同时减少了雏鹅与粪便接触的机会，减少了球虫等疾病的发生，从而提高了成活率。网上饲养的密度可高于地面饲养。

（3）地面平养和网上平养结合　将5～7日龄内的鹅采用网上平养，以后转入地面平养，这种方式，既能满足幼龄雏鹅对温度的要求，提高成活率，又可避免因长时间网上饲养引起雏鹅啄羽等不良现象。

（4）笼养　可利用鸡的育雏多层笼设备，或自制（材料同网上平养）2～3层育雏笼。由于立体式饲养，提高了单位面积的饲养量。有条件的可采用全阶梯式或半阶梯式笼养，粪便直接落地。提高了饲养效率，值得推广。

117. 雏鹅的饲养技术要点有哪些？

（1）饮水　雏鹅出壳或运回后，应及时分配到育雏处休息。当70%的雏鹅有啄草或啄手指等觅食动作，予以第一次饮水。凡经运输引进的雏鹅，开饮时应先使雏鹅饮用5%～8%葡萄糖水，收效良好。饮完后则改用清洁温水，必要时饮0.05%高锰酸钾水，且不可中断饮水供应。

饮水器内水的深度以3厘米为宜。随着雏鹅的长大，在放牧时可放入浅水塘活动（以浸没颈部为准），但必须在气温较高时进行，时间要短，路程要近。随着年龄增长，可以延长路线与放水时间。过迟开始饮水，不仅会脱水，造成死亡，也影响活重和生长发育。饮水器或水槽要尽量靠近光源、保温伞等，其高度随雏鹅日龄增长而调整，使饮水器的边缘高于鹅背，保持饮水终日不断。

（2）喂料　①开食：雏鹅第一次吃料，叫开食。开食时间以出壳后20～36小时为宜，一般可在第一次饮水后0.5～1.0小时喂食。每次添料根据需要确定，尽量保持饲料新鲜，防止饲料发生霉变。随时清除散落的饲料和喂料系统中的垫料。饲料存放在通风、干燥的地方，不应饲喂超过保质期或发霉、变质和生虫的饲料。可将饲料撒在浅食盘或塑料布上，让其啄食。如用颗粒料开食，应将粒料磨碎，以便雏鹅的采食。刚开始时，可将少量饲料撒在幼雏的身上，以引起其啄食的欲望；每隔2～3小时可人为驱赶雏鹅采食。由于雏鹅消化道容积小，喂料量应做到“少喂勤添”。随着雏鹅日龄的增长，可逐渐增加青绿饲料或青菜叶的喂量，可以单独饲喂，但应切成细丝状。②饲粮配合：雏鹅的饲料包括精料、青料、矿物质、维生素、添加剂等。1～21日龄的雏鹅，饲粮中粗蛋白质水平为20%～22%，代谢能约为11.30～11.72兆焦/千克；21日龄以后，蛋白质水平为18%，代谢能约为11.72兆焦/千克。刚出壳的雏鹅消化能力较弱，可喂给优质蛋白质含量高、容易消化的饲料，采用全价配合日粮饲喂雏鹅，并根据所饲养鹅品种推荐的饲养标准拌入多种维生素添加剂。有条件的地方最好使用颗粒饲料（直径为2.5毫米），实践证明，颗粒饲料的适口性好，增重速度快，成活率高，饲喂效果好。随着雏鹅日龄的增加，逐渐减少补饲精料，增加优质青饲料的使用量，并逐渐延长放牧时间。自4日龄起，雏鹅的饲料中应添加砂砾，添加量为1%左右为宜，10日龄前砂砾直径1～1.5毫米，10日龄后2.5～3毫米合适，每周喂量4～5克，也可设砂槽，任其自由采食，放牧鹅可不喂砂砾。③饲喂方法：1周龄内，一般每天喂料6～9次，约每3小时喂料1次；2周时，雏鹅的体力有所增强，一次采食量增大，可减少至每天喂料5～6次，其中夜里喂2次。喂料时可以把精料和青料分开，先喂精料后喂青料，则可防止雏鹅专挑青料吃，而少吃精料，满足雏鹅的营养需要。随着雏鹅放牧能力的加强，可适当减少饲喂次数。在集约化饲养条件下，育雏期饲喂全价配合饲料时，一般都采用全天供料，自由采食的方法。

(3) 环境温度与湿度　自温育雏时，环境温度应在15℃以上。

在集约化生产条件下，均需实行给温育雏，常用的红外线灯、保温伞、烟道等设备。雏鹅合适的育雏温度和湿度见表5-1。雏鹅在温度适宜时表现为分布均匀、安静，饮食、粪便、睡眠、活动正常，无扎堆现象。

表5-1　鹅的适宜育雏温度与湿度

日龄	温度(℃)	相对湿度(%)
1～5	27～28	60～65
6～10	25～26	60～65
11～15	22～24	65～70
16～20	20～22	65～70

(4) 通风和光照　在保暖的同时，一定要使鹅舍保持适宜的通风，但要防止贼风和过堂风。光照时间和光照强度要求如下：0～7日龄，24小时；8～14日龄，18小时；15～21日龄，16小时；22日龄以后，自然光照，晚上人工补充光照（每100平方米1只20瓦灯，灯泡高度2米）。

(5) 饲养密度　饲养密度直接关系到雏鹅的活动、采食、空气新鲜度。集约化观点要求适当的密度，在通风许可的条件下，可提高密度。饲养密度过小，不符合经济要求，而饲养密度过大，则直接影响雏鹅生长发育与健康。实践证明，每平方米的容雏数要考虑到品种类型、日龄、用途、育雏设备、气温等条件。合理密度以每平方米饲养8～10只雏鹅为宜，每群以100～150只为宜。此外，由于种蛋、孵化技术等多种因素的影响，同期出壳的雏鹅强弱差异不小，之后又受到饲养等多种因素的影响，会造成强弱不均，必须定期按强弱、大小分群，并将病雏及时挑出隔离，对弱雏加强饲养管理。否则，强鹅欺负弱鹅，会引起挤死、压死、饿死弱雏的事故，生长发育的均匀度将越来越差。具体的饲养密度见表5-2。

表5-2 雏鹅的饲养密度

日　龄	饲养只数（只/米^2）
1～5	25
6～10	20～15
11～15	15～12
16～20后	10～8

（6）雏鹅的放牧和游水　雏鹅要适时开始放牧游水，通过放牧，促进雏鹅新陈代谢，增强体质，提高适应性和抗病力。放牧游水的时间随季节气候而定，春末至秋初气温较高时，雏鹅出壳后一周就可开始放牧游水，冬季在10～20日龄左右开始。第一次放牧要选择在风和日暖的晴天进行，先放牧，后游水。

开始时放牧时间每天不要超过1小时，分上、下午两次进行。上午第一次放鹅的时间要晚一些，以草上的露水干了以后为好，下午收鹅的时间要早一些。如果露水未干就放牧，雏鹅的绒毛会被露水沾湿，尤其是腿部和腹下部的绒毛湿后不易干燥，早晨气温又偏低，易使鹅受凉，引起鹅腹泻或感冒。

雏鹅放牧地，应选择地势平坦、青草幼嫩、水源较近的地方；放牧地宜近不宜远；最好不要在公路两旁和噪音较大的地方放牧，以免鹅群受惊吓。

阴雨天和大风天不要放牧；病、弱雏暂时不要放牧。放牧时赶鹅不要太急，禁止大声吆喝和紧追猛赶，以防止惊鹅和跑场。

放牧前喂饲少量饲料后，将雏鹅缓慢赶到附近的草地上活动，让其采食青草约半小时，然后赶到清洁的浅水池塘中，任其自由下水几分钟，游水后，将鹅赶回向阳避风的草地上，让其梳理羽毛，待毛干后赶回育雏室，对于没吃饱的雏鹅，要及时给予补饲。放牧时要观察鹅群动态，待大部分鹅吃饱后才让鹅群休息，并定时驱赶鹅群以免雏鹅睡熟着凉。鹅放牧中常用吃几个“饱”来表示采食状况，是指鹅采食青草后，食道膨大部逐渐增大、突出，当发鼓发胀部位达到喉头下方时，即为一个“饱”。夏季放牧要避免雨淋和烈日暴晒，冬季要避免大风和下雪等恶劣天气。

初次放牧后，只要天气好，就要坚持每天放牧，并随日龄的增加而逐渐延长放牧时间，加大放牧距离，相应减少喂青料次数，到20日龄后，雏鹅已开始长大毛的毛管，即可全天放牧，只需夜晚补饲1次。

为了更好地进行雏鹅的放牧，应对鹅群进行合理的组织和调训。要使鹅听从指挥，必须从小训练，关键在于让鹅群熟悉指挥信号和“语言信号”，选择好“头鹅”（带头的鹅）。如果用小红旗或彩棒作指挥信号，在雏鹅出壳时就应让其看到，以后在日常饲养管理中都用小红旗或彩棒来指挥。旗行鹅动，旗停鹅止，并与喂食、放牧、收牧、下水行为等逐步形成固定的“语言信号”，形成条件反射。头鹅身上要涂上红色标志，便于寻找。放牧只要综合运用指挥信号和“语言信号”，充分发挥头鹅的作用，就能做到招之即来，挥之即去。放牧员要固定，不宜随便更换。

放牧鹅群的大小和组织结构直接影响着鹅群的生长发育和群体整齐度。放牧的雏鹅群以300～500只为宜，最多不要超过600只，由两位放牧员负责，前领后赶。同一鹅群的雏鹅，应该日龄相同，否则大的鹅跑得快，小的鹅走得慢，难以合群。鹅群太大则不好控制，在小块放牧地上放牧常造成走在前面的鹅吃得饱，落在后面的鹅吃不饱，影响生长发育均匀度。

118. 怎样养好育成鹅?

雏鹅养至4周龄时，即进入育成期。从4周龄开始至产蛋前为止的时期，称为种鹅的育成期，这段时期的鹅称为育成鹅。此期一般分为限制饲养阶段和恢复饲养阶段。

（1）育成鹅的限制饲养 种鹅在育成期，饲养管理的重点是限制饲养。限制饲养阶段一般从120日龄开始至开产前50～60天结束。

目前，种鹅的限制饲养方法主要有2种。一种是减少补饲日粮的饲喂量，实行定量饲喂；另一种是控制饲料的质量，降低日粮的营养水平。一定要根据放牧条件、季节以及鹅的体质，灵活掌握饲料配比和喂料量，既能维持鹅的正常体质，又能降低种鹅的饲养费用。

限制饲养开始后，应逐步降低饲料的营养水平，每日的喂料次数由3次改为2次，尽量延长放牧时间，逐步减少每次给料的喂料量；舍饲鹅群应加大青粗饲料比例，以饲喂青粗饲料为主。

（2）育成鹅的恢复饲养 经限制饲养的种鹅应在开产前60天左右进入恢复饲养阶段。此期应逐步提高补饲日粮的营养水平，增加喂料量和饲喂次数，使鹅的体质尽快恢复。饲粮蛋白质水平应提高到15%～17%，舍饲鹅群应饲喂全价配合日粮。经20天左右，种鹅的体重可恢复到限制饲养前的水平，鹅群开始陆续换羽。为了缩短换羽时间和使鹅群换羽时间整齐一致，可在种鹅体重恢复后进行人工强制换羽，一般采用活拔羽方法。拔羽后应加强饲养管理，拔羽后1～2天停止下水，适当增加饲喂量。公鹅拔羽的时间可比母鹅早2周左右，从而使后备种鹅能整齐一致地进入产蛋期。

育成期如果公母鹅分群饲养，可以在恢复饲养后1个月左右即开产前1个月，将公鹅放入母鹅群。混群前应做好公母鹅驱虫和疫苗免疫等工作。应注意恢复饲养开始时日喂料量不能提高太快，一般应逐渐增加，经 4～5 周过渡到自由采食。刚恢复自由采食的鹅群采食量可能很高，但几天后会很快恢复到正常水平(80～250 克/只·天)。

119. 怎样识别开产母鹅？

后备种鹅进入产蛋前期时，换羽完毕，体质健壮，生殖器官已得到较好的发育，母鹅体态丰满，羽毛紧贴躯体，并富有光泽，尾羽平直，肛门呈菊花状，腹部饱满，松软而有弹性，耻骨间距离增宽，性情温驯，食欲旺盛，采食量增大，喜食矿物质饲料。母鹅出现出衔草做窝行为，说明临近产蛋期。

120. 种鹅产蛋期的饲养方式有哪几种？

小规模养鹅可采用舍饲为主放牧为辅的饲养方式。上午待鹅群基本产完蛋后出牧，11 点左右回牧；下午 4 点左右出牧，7～8 点左右回牧。放牧前如发现个别母鹅鸣叫不安，行动迟缓，有觅窝的表现，可用手指伸入母鹅泄殖腔内，触摸腹中有没有蛋，如有蛋，应将母鹅送到产蛋窝内，不要随大群放牧。放牧时应选择路近而平坦的草地，路上应慢慢驱赶，上下坡时不可让鹅争相拥挤，以免跌伤。尤其是产蛋期母鹅行动迟缓，在出入鹅舍、下水时，应呼号或用竹竿稍加阻拦，使其有秩序地出入鹅舍或下水。良好的洗浴对于提高种鹅受精率具有重要的意义。种鹅配种时间一般在早晨和傍晚较多，而且多在水中进行。每天早晚要将种鹅放到有较好水源的戏水池中洗浴、戏水，此时是种鹅配种的高峰期。舍饲的种鹅也应有一定深度和宽度的戏水池。母鹅在水中往往围在公鹅周围游水，并对公鹅频频点头亲和，表示求偶的行为。放牧前要熟悉当地的草地和水源情况，掌握农药的使用情况。一般春季放牧采食各种青草、水草；夏、秋季主要放牧麦茬地、收割后的稻田；冬季放牧湖滩、沟边、河边。不能让鹅在污秽的沟水、塘水、河水内饮水、洗浴和交配。

规模化大型鹅场，多采用全舍饲方式饲养，应加强戏水池的水质管理，保持清洁卫生，舍内和舍外运动场也要每日打扫，定期消毒，饲养管理制度要固定，不能随意更改。

121. 怎样控制种鹅群的公母比例?

公母配种比例对种蛋受精率有直接影响，公鹅过多，不仅浪费饲料，还会引起争斗、争配，使受精率下降，公鹅过少，有些母鹅得不到配种，受精率也下降。由于鹅的品种不同，公鹅的配种能力也不同。小型鹅种适宜的公母比例为1∶6～7，中型鹅种为1∶4～5，大型鹅种为1∶3～4。

122. 产蛋期种鹅的饲养管理技术要点有哪些?

精心、科学的管理是保证鹅群高产、稳产的基本条件。

（1）产蛋鹅的适宜温度　鹅耐寒不耐热，对高温反应敏感。温度对鹅的繁殖能力有非常重要的影响。自然环境下饲养的鹅，夏季气温高时，多数鹅种停产，公鹅精子无活力；春节过后气温较低，但母鹅陆续开产，公鹅精子活力强。母鹅产蛋的适宜温度为8～25℃，公鹅配种繁殖的适宜温度为10～25℃。夏季和冬季应采取有效措施控制舍内温度，从而提高种鹅的繁殖能力。

（2）产蛋鹅的光照方案　母鹅产蛋期应采用16～17小时光照（自然光照＋人工光照），一直维持到产蛋结束。光照强度20～50勒克斯均可。每日光照制度要固定不变，开关灯时间要固定，不要随意变动。否则，会使母鹅内分泌激素分泌紊乱，造成减产甚至停产。调控光照可获得非季节性连续产蛋，在休产换羽时突然缩短光照可加速羽毛的脱换。

（3）鹅舍的通风换气　为保持鹅舍空气新鲜，除饲养密度要适宜（舍饲1.3～1.6只/米^2，放牧条件下2只/米^2）外，必须注意通风换气，及时清除粪便、垫草等。舍内氨、硫化氢等有害气体含量过高，会使鹅群免疫力下降，性成熟延迟，母鹅产蛋能力和公鹅精液品质下降，饲料报酬降低。加强通风换气，可排除舍内有害气体和多余水汽，夏季还有利于鹅体散热降温。

（4）供给鹅充足的饮水　鹅饮水量是采食量的2～3倍，缺水会使鹅采食量减少，产蛋性能下降，因此，必须供给鹅充足的清洁饮水。产蛋鹅夜间饮水与白天一样多，夜间也要给足饮水。北方地区冬季气候寒冷，水易结冰，应供给鹅12℃左右的温水。

（5）防止窝外蛋　地面饲养的母鹅，大约有60%习惯于在窝外地面产蛋，有少数母鹅有产蛋后用草埋蛋的习惯，往往踩坏种蛋，造成损失。因此，母鹅临产前半个月，应在舍内光线较暗，通风良好的地方安置产蛋箱。每2～3只鹅提供一个产蛋箱。产蛋箱的规格为：宽40厘米、深60厘米、高50厘米、门槛高8厘米，箱底铺垫3～5厘米厚柔软的垫草，潮湿肮脏时要及时更换。母鹅有定窝产蛋的习性，要仔细观察初产母鹅的行为，诱导母鹅入箱产蛋。母鹅产蛋前，一般不爱活动，东张西望，不断鸣叫，这是将要产蛋的行为，发现这样的鹅要捉入产蛋箱内产蛋，以后鹅即会找窝产蛋。

母鹅的产蛋时间大多数集中在下半夜至上午10时左右，个别的鹅在下午产蛋。因此，产蛋鹅上午10时以前不能外出放牧，在鹅舍内补饲，产蛋结束后再外出放牧，而且上午放牧的场地应尽量靠近鹅舍，以便部分母鹅回窝产蛋。这样可避免母鹅在野外产蛋而造成种蛋丢失和破损。放牧前检查鹅群，如发现个别母鹅腹中有蛋，应将母鹅送到产蛋窝内，而不要随大群放牧。放牧时如果发现有母鹅出现神态不安，急欲找窝的表现，向草丛或较为隐蔽的地方走去时，则应将该鹅捉住检查，如果腹中有蛋，则将该鹅送到产蛋箱内产蛋，待产完蛋后就近放牧。对产出的种蛋要及时收集，以防被粪便污染或破碎。

（6）注意舍内外卫生，保持环境安静　舍内污染的垫草和粪便要经常清理、更换，保持垫草清洁卫生，以防霉变。舍内地面、墙壁等要定期消毒，以防疾病发生。饲料、饮水要保持洁净卫生，饮水器每天要洗刷1～2次。

产蛋鹅舍内外应保持安静，严防惊吓、拥挤、驱赶、气候变化、饲料突然更换、大声吆喝、粗暴操作等不良刺激因素，避免因应激而引起产蛋鹅减产甚至停产或诱发疾病等现象。

（7）控制就巢性　国内外许多鹅种产蛋期间都表现出不同程度的就巢性，对产蛋性能造成很大影响。生产中，如果发现母鹅有恋巢行为，应及时隔离，关在光线充足、通风良好、凉爽的地方，只提供饮水，不给饲料，2～3天后喂一些干草粉、糠麸等粗饲料及少量精料，这种处理方法可使母鹅及早醒抱而恢复产蛋。也可使用一些市售药物醒抱。

123. 肉用仔鹅的管理要点有哪些？

（1）肉用仔鹅的饲养阶段划分　肉用仔鹅的体重增长具有明显规律：雏鹅早期生长阶段绝对增重不多，一般3周龄后生长加，4～7周龄出现生长高峰，8周龄后生长速度减慢。因此，肉用仔鹅的适时屠宰期，中小型品种以9周龄、大型品种以不超过10周龄为佳。

根据仔鹅的生长发育规律和饲养特点，一般把其饲养周期人为划为育雏期、中雏期和育肥期三个阶段。0～4周龄为育雏期，5～8周龄为中雏期，9～10周龄为育肥期。

（2）育肥前的准备工作　①肥育鹅选择及分群饲养：若肥育鹅来自淘汰种鹅，在育成期中，首先从鹅群中选留种鹅，定为种鹅群定向培育。剩下的鹅为肥育鹅群。选择作肥育的鹅只不分品种、性别，要选精神活泼、羽毛光亮、两眼有神、叫声洪亮、机警敏捷、善于觅食、挣扎有力、肛门清洁、健壮无病、70日龄以上的中鹅作肥育鹅。新从市场买回的肉鹅，还需在清洁水源放养，观察2～3天，并投喂一些抗生素和注射必要的疫苗进行疾病的预防，确认其健康无病后再予育肥。为了使育肥鹅群生长齐整、同步增膘，须将大群分为若干小群。分群原则是，将体型大小相近和采食能力相似的混群，分成强群、中等群和弱群三等，在饲养管理中根据各群实际情况，采取相应的技术措施，缩小群体之间的差异，便会使鹅群达到最高生产性能，一次性出栏。②驱虫：鹅体内外的寄生虫较多，如蛔虫、绦虫、吸虫、羽虱等，应先进行确诊。育肥前进行一次彻底驱虫，对提高饲料报酬和肥育效果极有好处。驱虫药应选择广谱、高效、低毒的药物。

（3）育肥方法　肉用仔鹅的育肥方法主要有放牧加补饲育肥法和圈养限制运动育肥法两种。育肥期，通常为15～20天。采用什么方法育肥，要根据饲料、牧草、鹅的品种、季节和市场价格来确定。①放牧加补饲育肥法：实验证明放牧加补饲是最经济的育肥方法。放牧育肥俗称“骝茬子”，根据肥育季节的不同，进行骝野草籽、麦茬地、稻田地，采食收割时遗留在田里的粒穗，边放牧边休息，定时饮水。放牧骝茬子育肥是我国民间广泛采用的一种最经济的育肥方法。如果白天吃的籽粒很饱，晚上或夜间可不必补饲精料。如果肥育的季节赶到秋前（籽粒没成熟）或秋后（骝茬子季节已过），放牧时鹅只能吃青草或秋黄死的野草，那么晚上和夜间必须补饲精料，能吃多少喂多少。吃饱的鹅颈的右侧会出现一假颈（嗉囊膨起），有厌食动作，摆脖子下咽，嘴头不停地往下点。补饲必须用全价配合饲料，或压制成颗粒料，可减少饲料浪费。补饲的鹅必须饮足水，尤其是夜间不能停水。②圈养限制运动育肥法：将鹅群用围栏圈起来，每平方米5～6只，要求栏舍干燥，通风良好，光线暗，环境安静，每天进食3～5次，从早5点到晚10点。育肥期20天左右，鹅体重迅速增加，约增重30%～40%。这种育肥方法不如放牧育肥广泛，饲养成本较放牧育肥高，但符合大规模养鹅的发展趋势，而且生产效率较高，育肥的均匀度比较好，适用于放牧条件较差的地区或季节，最适于集约化批量饲养。

124. 鹅肥肝的生产技术要点有哪些?

肥肝鹅从育雏到肥育屠宰都要专门培育，整个饲养期可分为培育期、预饲期、填饲期三个阶段。

(1) 培育期　从出壳到9～10周龄为培育期，育雏初期喂给优质全价配合饲料，促使幼鹅生长发育良好。从脱温开始逐渐过渡到放牧饲养，利用天然饲料资源，充分采食大量的青绿饲料，促进鹅的消化系统特别是食道和食道膨大部的发育，以利于以后填食时能多喂饲料，增强育肥效果。

(2) 预饲期　预饲期一般约2～3周。预饲期肉仔鹅逐渐由放牧饲养转为舍饲，逐渐减少青粗饲料，增加精饲料。预饲期饲料：玉米60%，麸皮15%，豆饼18%，花生饼5%，骨粉2%。每天定时喂三次，自由采食，喂料量要逐渐增加，约达到250～300克。此期鹅舍应经常清扫与消毒，通风干燥，公母分开饲养，每圈数量不超过20只，每平方米饲养2只鹅为宜。鹅舍内采用暗光照明，保持安静。在预饲期最后1周接种禽霍乱疫苗和进行驱虫。

(3) 填饲期　一般为3～4周，大型鹅种填饲4周，小型鹅种填饲3周，具体时间应根据鹅的实际增重和外形表现来确定。当肥肝鹅出现前胸下垂、行走困难、步履蹒跚、呼吸急促、眼睛凹陷、羽毛湿乱、精神委靡或经常出现消化不良的应及时屠宰取肝。①填饲鹅的选择：选择90～110日龄、体重3～5千克、体型大、胸深宽、体质健壮的鹅。②填饲饲料和填饲量：黄玉米是饲养肥肝鹅的最好饲料。用黄玉米生产的肥肝大且色泽较深，价格较贵。玉米最好选择一年以上无霉变、去杂质的陈年黄玉米。玉米整粒填饲比粉状填饲效果好。填饲量应由少到多，每天填饲量大型鹅850～1 000克，中型鹅700～940克，小型鹅550～650克，每天填饲次数一般为3～4次。每只鹅在填饲前先用手触摸食道中玉米的消化情况，如有玉米残留，说明消化不良，可适当减少填饲量。③填饲期管理：填饲期采用舍饲平养，不设运动场和水池，不让鹅运动和下水，尽量减少其能量的消耗。保证充足饮水，设砂槽任其自由采食。保持鹅舍冬暖夏凉，通风良好，暗光、清洁、安静。每平方米饲养 3～4 只，每栏不超过 10 只鹅。

第六篇　家禽的无公害饲养

125. 什么叫家禽的无公害饲养？无公害禽蛋、禽肉具有哪些特征？

（1）无公害禽肉、禽蛋的概念　无公害禽肉、禽蛋是指在家禽生产过程中，养禽场、禽舍内外以及周围环境中空气、水质等符合国家有关标准要求，整个饲养过程严格按照饲料、兽药使用准则、兽医防疫准则以及饲养管理规范，生产出得到法定部门检验和认证合格获得认证证书并允许使用无公害农产品标志的活禽、屠宰禽、鲜禽蛋或者经初加工的分割禽肉，冷冻禽肉和冰冻禽蛋等。

（2）无公害禽肉、禽蛋的特征　①强调产品出自最佳生态环境。无公害禽肉、禽蛋的生产从家禽饲养的生态环境入手，通过对养禽场周围及禽舍内的生态环境因子严格监控，判定其是否具备生产无公害产品的基础条件。②对产品实行全程质量控制。在无公害禽肉、禽蛋生产实施过程中，从产前环节的饲养环境监测和饲料、兽药等投入品的检测；到产中环节具体饲养规程、加工操作规程的落实，以及产后环节产品质量、卫生指标、包装、保鲜、运输、储藏、销售控制，确保生产出的禽蛋、禽肉质量，并提高整个生产过程的技术含量。③对生产的无公害禽肉、禽蛋依法实行标志管理　无公害农产品标志是一个质量证明商标，属知识产权范畴，受《中华人民共和国商标法》保护。

126. 无公害禽肉、禽蛋生产的基本技术要求有哪些？

（1）科学选择场址　应选择地势较高、容易排水的平坦或稍有向阳坡度的平地。土壤未被传染病或寄生虫病的病原体污染，透气透水性能良好，能保持场地干燥。水源充足、水质良好。周围环境安静，远离闹市区和重工业区。提倡分散建场，不宜搞密集小区养殖。交通方便，电力充足。

（2）严格选雏　引进优质高产的肉、蛋禽品种，选择适合当地生长条件的具有高生产性能，抗病力强，并能生产出优质后代的种禽品种和个体。净化禽群，防止疫病垂直传播。

（3）严格用药制度　①采用环保型消毒剂，勿用毒性杀虫剂和毒性灭菌（毒）、防腐药物。②加强对药品、添加剂的购入和分发使用的监督指导。严格执行国家《饲料和饲料添加剂管理条例》和《兽药管理条例及其实施细则》，从正规大型厂家购入药品和添加剂，以防止滥用。药品的分发、使用须由兽医开具处方，并监督指导，以改善家禽体内环境，增加抵抗力。③兽用生物制品购入、分发、使用，必须符合国家《兽用生物制品管理办法》。④统一规划，合理建筑禽舍，保证利于实施消毒隔离，统一生物安全措施与卫生防疫制度。

（4）强化生物安全　禽舍内外、场区周围要搞好环境卫生。舍内垫料不宜过脏、过湿，灰尘不宜过多，用具安置要有序，经常杀灭舍内外蚊蝇。场区内要铲除杂草，不能乱放死禽、垃圾等，保持良好的卫生状况。场区门口和禽舍门口要设有烧碱消毒池，并保持烧碱的有效浓度，进出场区或禽舍要脚踩消毒水，杀灭由鞋底带来的病菌。饲养管理人员要穿工作服，养禽场限制外人参观，更不准运禽车进入。

（5）规范饲养管理　加强饲养管理，改善舍内小气候，提供舒适的生产环境，重视疾病预防以及早期检测与治疗工作，减少和杜绝禽病的发生，减少用药。

（6）环保绿色生产　①垫料采用微生态制剂喷洒处理，保持每周处理一次，同时每周用硫酸氢钠撒一次，以改变垫料的酸碱环境，抑制有害菌孳生，提高家禽机体抵抗力。②合理处理和利用生产中所产生的废弃物，固体粪便经无害化处理制成复合有机肥，污水需经不少于 6 个月的封闭体系发酵后施放。

（7）使用绿色生产饲料　①严把饲料原料关。要求种植生产基地生态环境优良，水质未被污染，远离工矿，大气也未被化工厂污染，收购时要严格检测药残、重金属及霉菌毒素等。②饲料配方科学。营养配比要考虑各种氨基酸的消化率和磷的利用率，并注意添加合成氨基酸以降低饲料蛋白质水平，这样既满足家禽需要量，又可减少养分排泄。③注意饲料加工、贮存和包装运输的管理。包装和运输过程中严禁污染，饲料中严禁添加激素、抗生素、兽药等添加剂，并严格控制各项生产工艺及操作规程，严格控制饲料的营养与卫生品质，确保生产出安全、环保型绿色饲料。④科学使用无公害的高效添加剂。如微生物制剂、酶制剂、酸制剂、植物性添加剂、生物活性肽及高利用率的微量元素，调节肠道菌群平衡和提高消化率，促进生长，改善品质，降低废弃物排出，以减少兽药、抗生素、激素的使用，减少疾病发生。

127. 养禽场中的废弃物怎样进行无公害处理？

防治危害畜禽最严重的传染病，始终是我国畜牧业发展的一个重要环节。但是在我国养殖业生产中，常常只注意应用疫苗免疫预防与药物防治，而对环境治理的重视不够。与发达国家相比，在认识环境卫生对防治疫病的重要性上还存在一定的差距。

养禽场卫生包括禽舍卫生和环境卫生。禽舍卫生工作包括：清除舍内污物、保持舍内空气清洁、环境整洁。定期进行用具消毒、环境消毒、带禽消毒。环境卫生指定期打扫禽舍四周，清除垃圾、撒落的饲料和养禽场废弃物，对养禽场废弃物合理地进行处理，在养禽场开展灭鼠、驱蚊蝇、防鸟等活动。

定期进行舍内外环境的清洁工作，是饲养人员的一项重要的日常工作。据测定，一个饲养 10 万只鸡的工厂化养鸡场，每天产鸡粪便可达 10 吨，年产鸡粪达 3 600 多吨。这些鸡粪若处理不当，会是一个相当大的环境污染源。不仅会破坏周围的生态环境，也会破坏养鸡场自身的生态环境（水、土、气），从而丧失生产无公害鸡蛋、鸡肉的生态环境条件。同时，环境污染造成的病原微生物的蓄积、污染，使养殖场的疾病增多、难以控制。

养禽场废弃物主要包括：①家禽粪污；②生产及产品加工过程废弃物，如死胎、蛋壳、羽毛及内脏等残屑；③家禽的尸体（主要是因疾病而死亡的家禽尸体）；④废弃的垫料；⑤禽舍及养禽场散发出的有害气体、灰尘及微生物；⑥饲料加工厂排出的粉尘等。养禽场废弃物经无害化处理后，可以作为农业用肥，但不得作为其他动物的饲料。较常用的处理方法有堆积生物热处理法、家禽粪便干燥处理法。

（1）家禽粪便的无公害化处理

1）干燥法　①直接干燥法：常采用高温快速干燥，又称火力快速干燥，即用高温烘干迅速除去湿禽粪中水分的处理方法。在干燥的同时，达到杀虫、灭菌、除臭的作用。②发酵干燥法：利用微生物在有氧条件下生长和繁殖，对家禽粪便中的有机和无机物质进行降解和转化，产生热能，进行发酵，使家禽粪便容易被动植物吸收和利用。由于发酵过程中产生大量热能，使家禽粪便升温到60～70℃，再加上太阳能的作用，可使家禽粪便中的水分迅速蒸发，并杀死虫卵、病菌，除去臭味，达到既发酵又干燥的目的。③组合干燥法：即将发酵干燥法与高温快速干燥法相结合。既能利用前者能耗低的优点，又能利用后者不受气候条件影响的优点。

2）发酵法　即利用厌氧菌和好氧菌使家禽粪便发酵的处理方法。①厌氧发酵（沼气发酵）：这种方法适用于处理含水量很高的家禽粪便。一般经过两个阶段：第一阶段是由各种产酸菌参与发酵液化过程，即复杂的高分子有机质分解成分子量小的物质，主要是分解成一些低级脂肪酸；第二阶段是在第一阶段的基础上，经沼气细菌的作用变换成沼气。沼气细菌是厌氧细菌，所以沼气发酵过程必须在完全密闭的发酵罐中进行，不能有空气进入，沼气发酵所需热量要由外界提供。厌氧发酵产生的沼气可作为居民生活燃料，沼渣还可做肥料。②快速好氧发酵：利用家禽粪便本身含有的大量微生物，如酵母菌、乳酸菌等，或采用专门筛选出来的发酵菌种，进行好氧发酵。通过好氧发酵可改变家禽粪便品质，使家禽粪便熟化并完成杀虫、灭菌、除臭。

（2）污水的无公害化处理　除家禽粪便以外，养禽场污水对环境的污染也相当严重。因此，污水处理工程应与养禽场主建筑同时设计、同时施工、同时运行。

养禽场的污水来源主要有 4 条途径：①生活用水；②自然雨水；③饮水器终端排出的水和饮水器中剩余的污水；④洗刷设备及冲洗禽舍的水。

养禽场污水处理基本方法和污水处理系统多种多样，有沼气处理法、人工湿地分解法、生态处理系统法等，各场可根据本场具体情况选择应用。下面介绍一种处理法，详见如下流程图。

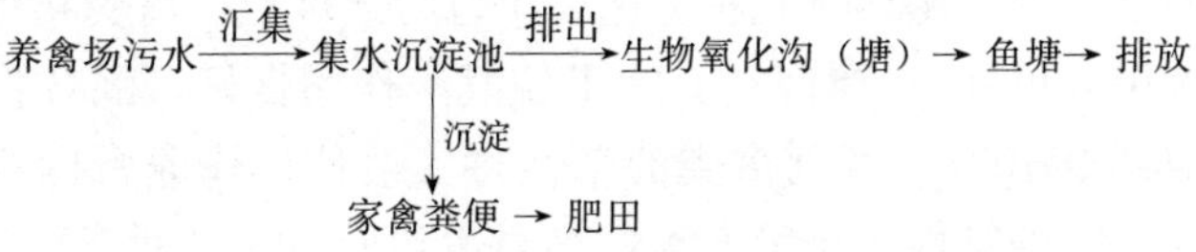

养禽场污水 —汇集→ 集水沉淀池 —排出→ 生物氧化沟（塘）→ 鱼塘 → 排放

集水沉淀池 —沉淀→ 家禽粪便 → 肥田

养禽场污水处理流程图

全场的污水经各支道汇集到场外的集水沉淀池，经过沉淀，禽粪等固形物留在池内，污水排到场外的生物氧化沟（或氧化塘），污水在氧化沟内缓慢流动，其中的有机物逐渐分解。据测算，氧化沟尾部污水的化学耗氧量（COD）可降至 200 毫克/升左右，这样的水再排入鱼塘，剩余的有机物经进一步矿化作用，为鱼塘中水生植物提供肥源，化学耗氧量可降至 100 毫克/升以下，符合污水排放标准。

（3）死禽的处理　在养禽生产过程中，由于各种原因使家禽死亡的情况时有发生。如果养禽场暴发某种传染病，则死禽数会成倍增加。这些死禽若不加处理或处理不当，其病原微生物会污染大气、水源和土壤，造成疾病的传播与蔓延。死禽的处理可采用以下几种方法。①高温处理法：即将死禽放到特设的高温锅（490 千帕，150℃）内熬煮，也可用普通大锅，经 100℃以上的高温熬煮处理，均可达到彻底消毒的目的。对于一些危害人、畜健康，患烈性传染病死亡的家禽，应采取焚烧法处理。②土埋法：这是利用土壤的自净作用使病死禽无害化。采用土埋法，必须遵守卫生防疫要求，即尸坑应远离养禽场、居民点和水源，掩埋深度不小于 2 米。必要时尸坑内四周应用水泥板等不透水材料砌严，死禽四周应洒上消毒药剂，尸坑四周最好设栅栏并做上标记。较大的尸坑盖板上还可预留几个孔通，套上硬塑料管，以便不断向坑内扔死禽。

(4) 垫料的处理　在养禽生产中，育雏、育成期常在垫料上平养禽类，清除的垫料实际上是禽粪与垫料的混合物，对这种混合物的处理可采用如下几种方法。①窖贮或堆贮：禽粪和垫料的混合物可以单独地“青贮”。为了使发酵作用良好，混合物的含水量应调至 40%，否则禽粪的粘性过大会使操作非常困难。混合物在堆贮的第四天至第八天，堆温达到最高峰（可杀死多种微生物），保持若干天后，逐渐与气温平衡。②直接燃烧：如果禽粪、垫料混合物的含水率在 30%以下，就可以直接燃烧，作为燃料来供热，同时满足本场的热能需要。禽粪、垫料混合物的直接燃烧需要专门的燃烧装置。如果养禽场暴发某种传染病，此时的垫料必须用燃烧法进行处理。③生产沼气：沼气生产的原理与方法请参见禽粪的处理。用禽粪作为沼气原料，一般需要加入一定量的植物秸秆，以增加碳源。而用禽粪、垫料混合物作为沼气原料，由于其中已含有较多的垫草，碳氮比例较为合适，使用起来十分方便。

第七篇　家禽常见病及防治

128. 预防家禽传染病应采取哪些措施？

在养禽生产中，常常会发生各种疾病，特别是某些烈性传染病，严重地影响着家禽的健康。因此，在发展养禽生产的同时，养禽场首先要做好家禽疾病的预防工作。

（1）养禽场选址要符合防疫要求　①养禽场的场址应背风向阳，地势高燥，水源充足，排水方便。②养禽场的位置要远离村镇、机关、学校、工厂和居民区，与铁路、公路干线、运输河道也要有一定距离。

（2）对饲养人员和车辆要进行严格消毒，切断外来传染源　①养禽场出入口大门应设置消毒池。②禽舍出入口也应设置消毒设施，饲养人员出入禽舍要消毒。③外来人员一定要严格消毒后方可进入场区。④禽舍一切用具不得混用，饲养人员不得随意到本职以外的禽舍。凡进入禽舍的人员一定要更换工作服。⑤周转蛋箱一般要用2%火碱水浸泡消毒后，再用清水冲洗。装料袋最好本场专用，不能混用，以防带入病原。

（3）建立场内兽医卫生制度　①不得把后备禽或新购入的家禽与成年禽群混养，以防止疫病接力传染。②食槽、水槽要保持清洁卫生，定期清洗消毒。粪便要定期清除。③家禽转群前或禽舍进禽前要彻底对禽舍和用具进行消毒。④定期对家禽进行计划免疫和药物防病。⑤养禽场要重视和做好除鼠、防蚊、灭蝇工作。

（4）加强家禽的饲养管理，提高家禽的抗病能力　①供给全价饲粮。饲粮的营养水平不仅影响家禽的生产能力，而且缺乏某些成分会引发相应的缺乏症。所以要从正规的饲料厂购买饲料，注意贮存时间不要过长，并防止霉变和结块。在自配饲粮时，要注意原料的质量，避免饲粮配方与实际应用相脱节。②给予适宜的环境温度。适宜的环境温度有利于提高家禽的生产能力。如果温度过高或过低，都会影响家禽的健康，冷热不定很容易导致家禽呼吸道疾病的发生。③维持良好的通风换气条件。禽舍内的粪便及残存的饲料受细菌的作用可产生大量的氨气，加上家禽呼吸排出的气体对家禽是很有害的。要减少禽舍内的有害气体，一方面可在不突然降低温度的情况下开窗或使用排风扇排气，另一方面要保持地面干燥卫生，减少氨气的产生。④保持合理的饲养密度。密度过大会造成家禽拥挤和空气中有害气体增多，家禽易患白痢病、球虫病、大肠杆菌病及慢性呼吸道病等。⑤尽量减少家禽的应激反应。过大的声音、转群、药物注射以及饲养人员的穿戴和举止异常对家禽都是一种应激，在应激时鸡群容易发生球虫病、法氏囊病等。

（5）建立兽医疫情处理制度　①兽医防疫人员每天要深入禽舍观察，有疫情要立即诊断。②发现传染病时，将病禽隔离、死禽深埋或烧毁。对一些烈性传染病（如鸡新城疫等），应及时报告上级兽医机关，并封锁鸡场，进行紧急接种，直至最后一只病鸡死亡后半个月内不再有病鸡出现，方可报告上级部门解除封锁。③对污染的禽舍和用具要进行消毒处理，家禽的粪便需要堆积发酵后方可运出场外。

129. 怎样防治禽流感？

禽流感是由A型禽流感病毒引起的一种急性、高度致死性传染病。其特征为家禽突然发病，表现精神萎靡、食欲消失、羽毛松乱、成年母禽停止产蛋、并发现呼吸道、肠道和神经系统的病状。

（1）流行特点　许多家禽、野禽、哺乳动物及人类均能感染本病，在禽类中鸡与火鸡有高度的易感性，其次是珍珠鸡、野鸡和孔雀，鸽较少见，其他禽类亦可感染。

本病的主要传染源是病禽和病尸，病毒存在于尸体血液、内脏组织、分泌物与排泄物中。被污染的禽舍、场地、用具、饲料、饮水等均可成为传染源。病禽蛋内可带毒，当孵化出壳后即死亡。病禽在潜伏期内即可排毒，一年四季均可发病。

本病的主要传染途径是消化道，也可由呼吸道或皮肤损伤和黏膜感染，吸血昆虫也可传播病毒。

（2）临床症状　本病的潜伏期为3～5天。急性病例病程极短，常突然死亡，没有任何临床症状。一般病程1～2天，可见病禽精神萎靡，体温升高（43.3～44.4℃），不食，衰弱，羽毛松乱，不爱走动，头及翼下垂，闭目呆立，产蛋停止。冠、髯和眼周围呈黑红色，头部、颈部及声门出现水肿。结膜发炎、充血、肿胀、分泌物增多，鼻腔有灰色或红色渗出物，口腔黏膜有出血点，脚鳞出现紫色出血斑。有时见有腹泻，粪便呈灰、绿或红色。后期出现神经症状，头、腿麻痹，抽搐，甚至出现眼盲，最后极度衰竭，呈昏迷状态而死亡。

（3）病理变化　病禽头部呈青紫色，眼结膜肿胀并有出血点。口腔及鼻腔积存黏液，并常混有血液。头部、眼周围、耳和髯有水肿，皮下可见黄色胶样液体。颈部、胸部皮下均有水肿，血管充血。胸部肌肉、脂肪及胸骨内面有小出血点。口腔及腺胃黏膜、肌胃和肌质膜下层、十二指肠出血，并伴有轻度炎症。腺胃与肌胃衔接处呈带状或球状出血，腺胃乳头肿胀。鼻腔、气管、支气管黏膜以及肺脏可见出血。腹膜、肋膜、心包膜、心外膜、气囊及卵黄囊均见有出血充血。卵巢萎缩，输卵管出血。肝脏肿大、淤血，有的甚至破裂。

（4）防治措施　本病目前尚无有效的治疗方法，抗菌素仅可以控制并发或继发的细菌感染。所以入境检疫十分重要，应对进口的各种家禽、鸟类施行严格的隔离检疫，然后才能转至内地的隔离场饲养，再纳入健康养禽饲养。

养禽场一旦发生本病，应严格封锁，就地扑杀焚烧场内全部家禽，对场地、禽舍、设备、衣物等严格消毒。消毒药物可选用0.5%过氧乙酸、2%次氯酸钠，或用甲醛及火焰消毒。经彻底消毒两个月后，可引进血清学阴性的家禽饲养，其血清学反应持续为阴性时，方可解除封锁。

130. 怎样防治鸡新城疫？

鸡新城疫是由鸡新城疫病毒引起的一种急性、烈性传染病，其特征为呼吸困难，排绿便，扭颈，腺胃乳头及肠黏膜出血等。

（1）流行特点　所有鸡科动物都可能感染本病。不同类型鸡的易感性稍有差异，一般轻型蛋鸡的易感性较高。各种年龄的鸡均可感染，雏鸡易感性高，但1周龄之内的幼雏由于母源抗体的存在很少发病。没有免疫接种的鸡群或接种失败的鸡群一旦传入本病，常在4～5天内波及全群，死亡率可达90%以上。而在免疫不均或免疫力不强的鸡群多呈慢性经过，死亡率一般不超过40%。鸭、鹅虽可感染，但抵抗力较强，很少发病。

本病可发生在任何季节，但以春秋两季多发，夏季较少。

本病的主要传染源是病鸡，病毒通过病鸡与健康鸡接触，经消化道和呼吸道感染。病鸡的分泌物和粪便中含有大量病毒，被病毒污染的饲料、饮水、用具、运动场等都能传染。除经口感染外，带毒的飞沫、尘埃可以进入呼吸道。屠宰病鸡时乱抛鸡毛、污水，常是造成疫情扩大蔓延的主要原因。另外，接触或屠宰病鸡的人和污染的衣物等也可传播病毒传染给健康鸡。鸭、鹅，特别是麻雀、鸽子等，是本病的机械传播者。猫、狗等吃了病死的鸡肉或接触病鸡后，也可能传播本病。

（2）临床症状　本病自然感染的潜伏期一般为3～5天。根据临床表现和病程长短，可分为以下三型。

1）最急性型 发病急，病程短，一般除表现精神萎靡以外，无特征症状而突然死亡。此种类型多见于流行初期和雏鸡。

2）急性型 发病初期体温升高，一般可达43～44℃。突然减食或废食，饮欲增加。精神萎靡、不愿走动、全身无力、羽毛松乱、闭目缩颈、离群呆立、反应迟钝、头下垂或伸进翅膀下、尾和翅无力、下垂、腿呈轻瘫状、甚至呈昏迷状态。冠、髯呈暗红色或紫黑色，偶见头部水肿。口腔和鼻腔内分泌物增多，积聚大量黏液，由口腔流出挂于喙端，为了排出黏液，鸡时时摇头，不断做吞咽动作。当把鸡倒提时黏液从口内大量流出。呼吸困难，常见伸头颈，张口呼吸。同时，喉部发出"咯咯"的声音，有时打喷嚏，嗉囊胀气，积有黏液，常拉黄色、绿色和灰色恶臭稀便。母鸡发病后停止产蛋，病后期体温下降至常温以下，不久即死亡。少数耐过未死的鸡，由于病毒侵害中枢神经，可引起非化脓性脑脊髓炎，使病鸡表现出各种神经症状，如扭头、翅膀麻痹，转圈、倒退等。

3）亚急性型与慢性型 一般见于免疫接种质量不高或免疫有效期已到末尾的鸡群。主要表现为陆续有一些鸡发病，病情较轻而病程较长。亚急性型新城疫，幼龄鸡感染后可发生死亡，成年鸡则只有呼吸道症状，食欲减退，产蛋量下降，出现软壳蛋，流行持续1～3周可以停息，致死率很低；慢性型新城疫，成鸡感染后没有明显的临床症状，雏鸡有时出现呼吸道症状，但一般很少引起死亡，只有在并发其他传染病时才出现大量死亡，致死率可达30%～40%。

近些年来，在免疫鸡群中发生新城疫，往往表现亚临床症状或非典型症状，发病率较低，一般在10%～30%，病死率在15%～45%。主要表现呼吸道症状和神经症状，呼吸道症状减轻时即趋向康复。少数病鸡遗留头颈扭曲，产蛋鸡主要表现出产蛋率下降和呼吸道症状。

（3）病理变化 鸡新城疫的主要病理变化是全身黏膜、浆膜出血。病死鸡剖检可见口腔、鼻腔、喉气管有大量混浊黏液，黏膜充血、出血，偶尔有纤维性坏死点。嗉囊水肿，内部充满恶臭液体和气体。食管黏膜呈斑点状或条索状出血，腺胃黏膜水肿，腺胃乳头顶端出血，在腺胃与肌胃或腺胃与食管交界处有带状或不规则的出血斑点，从腺胃乳头中可挤出豆渣样物质。肌胃角质膜下出血，有时见小米粒大出血点。十二指肠及整个小肠黏膜呈点状、片状或弥漫性出血，盲肠两扁桃体肿大、出血、坏死。泄殖腔黏膜呈弥漫性出血。脑膜充血或出血。气管内充满黏液，黏膜充血，有时可见小血点。肺脏有时可见淤血或水肿、小的灰红色坏死灶，心包内有少量浆液，心尖和心冠脂肪有针尖状小出血点，心血管扩张，心肌浊肿，肝脏有时稍肿大或见黄红相间的条纹。脾脏呈灰红色。胆囊肿大，胆汁黏稠，呈油绿色。肾有时充血、水肿，输尿管常有大量白色尿酸盐。产蛋鸡卵泡充血、出血，有的卵泡破裂使腹腔内有蛋黄液。

（4）防治措施　本病迄今尚无特效治疗药物，主要依靠建立并严格执行各项预防制度和切实做好免疫接种工作以防本病的发生。①定期接种疫苗。生产中可参考如下免疫程序：即 7～10 日龄采用鸡新城疫Ⅱ系（或 F 系）疫苗滴鼻、点眼进行首免；25～30日龄采用鸡新城疫Ⅳ系苗饮水进行二免；70～75 日龄采用鸡新城疫Ⅰ系疫苗肌肉注射进行三免；135～140 日龄再次用鸡新城疫Ⅰ系疫苗肌肉注射接种免疫。②做好免疫抗体的监测。上述免疫程序，是根据一般经验制订的，如果饲养规模较大，并且有条件，最好每隔 1～2 个月在每栋鸡舍中随机捉 20～30 只鸡采血，或取同一天产的 20～30 个蛋，用血清或蛋黄作红血球凝集抑制试验，测出抗体效价。根据鸡群抗体效价的高低，决定是否需要再次进行免疫接种。③发病后可进行紧急接种　鸡群一旦暴发了鸡新城疫，可应用大剂量鸡新城疫Ⅰ系苗抢救病鸡，即用 100 倍稀释，每只鸡胸肌注射 1 毫升，3 天后即可停止死亡。对注射后出现的病鸡一律淘汰处理，死鸡焚毁，并应严密封锁，经常消毒，至本病停止死亡后半月，再进行一次大消毒，而后解除封锁。

131. 怎样防治鸡马立克氏病？

鸡马立克氏病，是由B群疱疹病毒引起的鸡淋巴组织增生性传染病。其主要特征为外周神经、性腺、内脏器官、眼球虹膜、肌肉及皮肤发生淋巴细胞浸润和形成肿瘤病灶，最终导致病鸡受害器官功能障碍和恶病质而死亡。

（1）流行特点　本病主要发生于鸡，此外，火鸡、野鸡、鹌鹑等也有一定的易感性，一般哺乳动物不感染。

有囊膜的完全病毒自病鸡羽囊排出，随皮屑、羽毛上的灰尘及脱落的羽毛散播，飘浮在空气中，主要由呼吸道侵入其他鸡体内，也能伴随饲料、饮水由消化道入侵。病鸡的粪便和口鼻分泌物也具有一定的传染力。

（2）临床症状　本病的潜伏期长短不一，一般为3周左右，根据发病部位和临床症状可分为四种类型，即神经型、眼型、内脏型和皮肤型，有时也可混合发生。

1）神经型　最早于本世纪初发现的马立克氏病就是此型，所以又称为古典型。主要发生于3～4月龄的青年鸡，其特征是鸡的外周神经被病毒侵害，不同部分的神经受害时表现出不同的症状。当一侧或两侧坐骨神经受害时，病鸡一条腿或两条腿麻痹，步态失调，两条腿完全麻痹则瘫痪。较常见的是一条腿麻痹，当另一条正常的腿向前迈步时，麻痹的腿跟不上来，拖在后面，形成“大劈叉”姿势，并常向麻痹的一侧歪倒横卧。当臂神经受害时，病鸡一侧或两侧翅膀麻痹下垂。支配颈部肌肉的神经受害时，引起扭头、仰头现象。颈部迷走神经受害时，嗉囊麻痹、扩张、松弛，形成大嗉子，有时张口无声喘息。

此型病程比较长。病鸡有一定的食欲，但行动、采食困难，最后因饥饿、饮水不足、衰弱或被其他鸡踩踏而死亡。

2）内脏型　又称急性型。幼龄鸡多发，死亡率高。病鸡起初无明显症状，逐渐呈进行性消瘦，冠髯萎缩，颜色变淡，无光泽，羽毛脏乱，行动迟缓。病后期精神萎靡，极度消瘦，最终衰竭死亡。

3）眼型　单眼或双眼发病。表现为虹膜（眼球最前面的部分称为角膜，角膜后面是桔黄色的虹膜，虹膜中央是黑色瞳孔）的色素消失，呈同心环状（以瞳孔为圆心的多层环状）、斑点状或弥漫的灰白色，俗称“灰眼”或“银眼”。瞳孔边缘不整齐，呈锯齿状，而且瞳孔逐渐缩小，最后仅有粟粒大，不能随外界光线强弱而调节大小。病眼视力丧失，双眼失明的鸡很快死亡。单眼失明的病程较长，最后衰竭死亡或被淘汰。

4）皮肤型　肿瘤大多发生于翅膀、颈部、背部、尾部上方及大腿的皮肤，表现为个别羽囊肿大，并以此羽囊为中心，在皮肤上形成结节，约有玉米至蚕豆大，较硬，少数溃破。病程较长，病鸡最后瘦弱死亡或被淘汰。

（3）病理变化

1）神经型　病变主要发生在外周神经的腹腔神经丛、坐骨神经、臂神经丛和内脏大神经。有病变的神经显著肿大，比正常粗2～3倍，外观灰白色或黄白色，神经的纹路消失。有时神经有大小不等的结节，因而神经粗细不均。病变多是一侧性的，与对侧无病变的或病变较轻的神经相比较，易做出诊断。

2）内脏型　几乎所有内脏器官都可发生病变，但以卵巢受侵害最严重，其他器官的病变多呈大小不等的肿瘤块，灰白色，质地坚实。有时肿瘤组织浸润在脏器实质中，使脏器异常增大。不同脏器发生肿瘤的常见情况是：心脏：肿瘤单个或数个，芝麻至南瓜子大，外形不规则，稍突出于心肌表面，淡黄白色，较坚硬。正常鸡的心尖常有一点脂肪，不要误以为是肿瘤；腺胃：通常是肿瘤组织浸润在整个腺胃壁中，使胃壁增厚2～3倍，腺胃外观胀大，较硬，剪开腺胃，可见黏膜潮红，有时局部溃烂；胃腺乳头变大，顶端溃烂；卵巢：青年鸡卵巢发生肿瘤时，一般整个卵巢胀大数倍至十几倍，有的达核桃大，呈菜花样，灰白色，质硬而脆。也有的是少数卵泡发生肿瘤，形状与上述相同，但较小；睾丸：一侧或两侧睾丸发生肿瘤时，睾丸肿大十余倍，外观上睾丸与肿瘤混为一体，灰白色，较坚硬；肝脏：一般是肿瘤组织浸润在肝实质中，使肝脏呈灰白色，质硬，挤在肋窝或胸腔中。肺的其他部分常硬化，缺乏弹性。

3）眼型与皮肤型　剖检病变与临床表现相似。

（4）防治措施　本病目前尚无特效治疗药物，主要做好预防工作。①严格消毒：发生马立克氏病的鸡场或鸡群，必须检出淘汰病鸡，同时要做好检疫和消毒工作。②预防接种：雏鸡在出壳24小时内接种马立克氏病火鸡疱疹疫苗，若在2、3日龄进行注射，免疫效果较差，连年使用本苗免疫的鸡场，必须加大免疫剂量。③加强管理：要加强对传染性法氏囊炎及其他疾病的防治，使鸡群保持健全的免疫功能和良好的体质。鸡群发病后，在饲料中添加0.002%～0.005%氨苯磺脲可减少死亡。

132. 怎样防治鸡传染性法氏囊病？

鸡传染性法氏囊病，又称传染性法氏囊炎或腔上囊炎。是由法氏囊炎病毒引起的一种急性、高度接触性传染病，其特征是排白色稀便，法氏囊肿大，浆膜下有胶冻样水肿液。

（1）流行特点　本病只有鸡感染发病，其易感性与鸡法氏囊发育阶段有关，2～15周龄易感，其中3～5周龄最易感，法氏囊已退化的成年鸡只发生隐性感染。

本病的主要传染源是病鸡和隐性感染鸡，传播方式是高度接触传播，经呼吸道、消化道、眼结膜均可感染。

本病一旦发生便迅速传播，同群鸡约在1周内可都被感染，感染率可达100%。如不采取措施，邻近鸡舍在2～3周后也可被感染发病。发病后3～7天为死亡高峰，以后迅速下降。

(2) 临床症状　本病的潜伏期很短，一般为 2～3 天。主要表现为鸡群发病突然，且病势严重。病鸡精神萎靡、闭眼缩头、畏冷挤堆、伏地昏睡、走动时步态不稳、浑身有些颤抖。羽毛蓬乱，颈肩部羽毛略呈逆立，食欲减退，饮水增加。排白色水样稀便，个别鸡粪便带血。少数鸡掉头啄自己的肛门，这可能是法氏囊痛痒的缘故。发病初、中期体温高，可达 43℃，临死前体温下降，仅 35℃。发病后期脱水，眼窝凹陷，脚爪与皮肤干枯，最后因衰竭而死亡。

经过法氏囊病疫苗免疫的鸡群，有时也会有个别鸡发病，症状不典型，比较轻，经隔离治疗一般可以康复。

(3) 病理变化　该病病毒主要侵害法氏囊。病初法氏囊肿胀，一般在发病后第 4 天肿至最大，约为原来的 2 倍左右。在肿胀的同时，法氏囊的外面有淡黄色胶样渗出物，纵行条纹变得明显，法氏囊内黏膜水肿、充血、出血、坏死。法氏囊腔蓄有奶油样或棕色果酱样渗出物。严重病例，因法氏囊大量出血，其外观呈紫黑色，质脆，法氏囊腔内充满血液凝块。发病后第 5 天法氏囊开始萎缩，第 8 天以后仅为原来的 1/3 左右。萎缩后黏膜失去光泽，较干燥，呈灰白色或土黄色，渗出物大多消失。

胸腿肌肉有条片状出血斑，肌肉颜色变淡。腺胃黏膜充血潮红，腺胃与肌胃交界处的黏膜有出血斑点，排列略呈带状，但腺胃乳头无出血点。病后期肾脏肿胀，肾小管因蓄积尿酸盐而扩张变粗，胸腺与盲肠扁桃体肿胀出血，脾肿胀，胰脏呈白垩样变性，心冠脂肪呈点状出血，肠腔内黏液增多。

(4) 防治措施　①疫苗接种。雏鸡分别于 14 日龄和 32 日龄用弱毒苗饮水免疫。为了解决母源抗体在一个鸡群中不平衡的问题，可间隔 4～5 天多次免疫。②加强消毒工作。在本病流行期间要经常对舍内地面及房舍周围进行严格消毒，并用含有效氯的消毒剂对饮水和饲料消毒。③加强管理，减少应激。可在饲料中添加 0.75％的禽菌灵粉（由穿心莲、甘草、吴萸、苦参、白芷、板蓝根、大黄组成）进行预防。④发病后全群注射康复血清或高免卵黄抗体 0.5～1 毫升，效果显著。

此外，对病鸡要加强护理。寒冷季节适当提高舍温，舍内保持安静，鸡群密度过大的要疏散，饲料中适当增加多维素，尤其是维生素 C。由于病鸡采食减少，饮水中可加 4%～5%的葡萄糖，以补充热能，改善体质，并且要注意防止大肠杆菌病等疾病的感染。

133. 怎样防治鸭瘟？

鸭瘟又称鸭病毒性肠炎。是由疱疹病毒引起的一种急性、热性、败血性的传染病。临床上以体温升高、两脚麻痹无力、腹泻、粪便呈绿色、流泪和头颈部肿大为特征。

（1）流行特点　不同年龄、性别、品种的鸭均可被感染，自然发病则多见于大鸭，特别是产蛋母鸭。主要传染来源是病鸭，痊愈鸭至少可带毒 3 个月，病鸭及带毒鸭的分泌物和排泄物含有大量病毒，可通过污染的饮水、饲料、用具、水域等外界环境进行传播。

病毒主要是通过消化道、交配、眼结膜及呼吸道等感染。一年四季均可发生，但以春、秋两季流行最为严重。

（2）临床症状　潜伏期一般为 2～5 天。病鸭体温升高至 42.5～44℃，精神沉郁、离群独处、食欲减退、两脚麻痹、行动迟缓、两翅下垂、静卧地上不愿走动、不愿下水、眼睑充血、结膜肿胀。流出浆液性或浓性的分泌物，有的头颈部肿大，因而俗称“大头瘟”或“肿头瘟”。鼻腔流出浆液性和黏液性的分泌物，呼吸困难，叫声嘶哑无力。产蛋鸭群的产蛋率下降 30%～40%。水样腹泻，肛门周围有黏糊样的粪便污染。病程一般 2～16 天，死亡率可高达 80%～90%。几周龄的雏鸭感染后可见神经症状。

（3）病理变化　成鸭剖检后可见皮肤、黏膜、浆膜出血，皮下组织、胸腔、腹腔常见有淡黄色的胶冻样浸润物。食道黏膜有纵行排列的灰黄色假膜覆盖或小出血斑点，假膜易剥离，剥离后食道黏膜留有溃疡斑痕，这是鸭瘟所具有的特征性病变；泄殖腔黏膜的病变与食道相同，黏膜表面覆盖有一层灰褐色或绿色的坏死结痂，不易剥离，黏膜上有出血斑点和水肿，肝脏不肿大，肝表面和切面有大小不等的灰黄色或灰白色的坏死斑点，少数坏死点中间有小点出血，或外围有一环状出血带；心外膜充血，冠状沟有出血点；脾脏略肿大，常呈暗褐色；胸腺和胰腺常见有小出血点或灰色坏死斑；整个肠道黏膜充血，尤以十二指肠和直肠最为严重。食道膨大部与腺胃或腺胃与肌胃交界处常见有灰黄色坏死带或出血带，有时出现溃疡。

产蛋鸭的卵巢可见充血和出血，有的因卵泡破裂而导致腹膜炎。

幼鸭的病变与成年鸭基本相似，但食道和泄殖腔的病变较轻，在小肠的肠壁上常见有环状出血点带。

（4）防治措施　鸭瘟目前尚无有效的治疗方法，控制本病依赖于平时的预防措施。预防应从消除传染源、切断传播途径和对易感水禽进行免疫接种等方面着手。①不从疫区引进种鸭、鸭苗或种蛋。一定要引进时，必须先了解当地有无疫情，确无疫情，经过检疫后才能引进。鸭运回后隔离饲养，观察2周。②病愈鸭以及人工免疫鸭能获得较强的免疫力。免疫母鸭可使雏鸭产生被动免疫，但13日龄雏鸭体内母源抗体大多迅速消失。对受威胁的鸭群可用鸡胚鸭瘟弱毒疫苗进行免疫。20日龄雏鸭开始首免，每只鸭肌肉注射0.2毫升，5个月后再免疫接种1次即可；种鸭每年接种2次；产蛋鸭在停产期接种，一般在1周内产生较强的免疫力。3月龄以上鸭肌肉注射1毫升，免疫期可达1年。③鸭群一旦发生鸭瘟，必须迅速采取严格封锁、隔离、消毒、毁尸及紧急预防接种等综合性防疫措施。

134. 怎样防治小鹅瘟？

小鹅瘟是由鹅细小病毒引起的、主要侵害30日龄以内雏鹅和雏番鸭的一种急性、高度接触性、败血性传染病，传染性强且死亡率高。雏鹅以全身急性败血病变和渗出液或伪膜性肠炎、心肌炎为特征。

（1）流行特点　在自然条件下，本病仅发生于雏鹅和雏番鸭，其他禽类和哺乳动物都不感染，10 日龄以内雏鹅的发病率和死亡率常高达 95%～100%，15 日龄以上雏鹅的发病率和死亡率有所下降，40 日龄以上的只有个别发病死亡。成年鹅可感染而不表现临床症状。因此，带毒鹅和病鹅的粪便及分泌物是主要的传染源。本病一年四季均可发生，在高度密集的孵化地区，常呈现一定的周期性，一次流行之后，往往间隔 1～2 年或更长时间才会再次流行。

感染的病鹅或番鸭可通过消化道和呼吸道排出大量病毒，再经直接和间接接触导致本病迅速传播。本病毒可垂直传播。成年鹅常呈亚临床感染，或成为隐性感染者、病毒携带者或通过鹅蛋将病毒传给易感的雏鹅。

（2）临床症状　本病的潜伏期和病程依据感染时的年龄而定。1 日龄感染者为 3～5 天，2～3 周龄感染者为 5～10 天；其病程可分为最急性、急性和亚急性等病型。病鹅表现为精神萎顿、昏睡、食欲废绝，个别病鹅采食后将吃进去的料甩出，不愿运动，常常独蹲一隅；排出灰白色或者淡黄色稀粪便，混有气泡，肛门外突，周围被毛潮湿并有污染物。临死前出现两腿麻痹或者抽搐症状。

（3）病理变化　本病的特征性病变是空肠和回肠的急性卡他性—纤维素性坏死性肠炎，整片肠黏膜坏死、脱落，与凝固的纤维素性渗出物形成栓子或包裹在肠内容物表面形成假膜，堵塞肠腔。剖检时可见靠近卵黄与回盲部的肠段，外观极度膨大，质地坚实，长约 2～5 厘米，形状如香肠，肠管被浅灰或淡黄色的栓子塞满。脑膜及脑实质血管充血并有小出血灶，神经细胞变性，严重病例出现小坏死灶，胶质细胞增生。

（4）防治措施　本病的特异性防治有赖于被动免疫和主动免疫。在疫病流行区域，或已被污染的炕坊，雏鹅出壳后立即皮下注射高免血清和卵黄抗体，可预防或控制本病的发生。在有本病流行的区域应用疫苗免疫种鹅，是预防本病有效而经济的方法。因本病主要通过孵坊传播，故一切设备用具在每次使用前后都必须进行彻底消毒，种蛋也应做消毒处理，一经发现孵坊感染鹅细小病毒，则应立即停止孵化。严禁从疫区购买种蛋、种鹅、雏鹅，尽量做到自繁自养，出壳雏鹅不宜与种蛋或大鹅接触，以控制和预防孵化场传播。鹅舍应经常打扫、定期消毒，加强雏鹅的饲养管理。做到预防为主，综合防治。

135. 怎样防治禽霍乱?

禽霍乱又称禽巴氏杆菌病或禽出血性败血病，是由多杀性巴氏杆菌引起的一种接触传染性烈性传染病。其特征为传播快，病禽呈最急性死亡，部检可见心冠状脂肪出血和肝有针尖大的坏死点。

（1）流行特点　各种家禽及野禽均可感染本病，鸡、鸭最易感，鹅的易感性比较低。

本病常呈散发或地方性流行，一年四季均可发生，但以秋冬季节较多见。

本病的主要传染源是病禽和带菌禽，病菌随分泌物和粪便污染环境，被污染的饲料、饮水及工具等是重要的传播媒介，感染的猫、鼠、猪及野鸟等闯入禽舍，也可造成禽群发病。其感染途径主要是消化道和呼吸道，也可经损伤的皮肤而感染。

（2）临床症状　本病的潜伏期为1～9天，最快的发病后数小时即可死亡。根据病程长短一般可分为最急性型、急性型和慢性型。

1）最急性型　常见于本病流行初期，多发于体壮高产鸡、鸭，几乎看不到明显症状，突然不安、痉挛抽搐、倒地挣扎、双翅扑地、迅速死亡。有的鸡在前一天晚上还表现正常，而在次日早晨却发现已死在舍内，甚至有的鸡在产蛋时猝死。

2）急性型　急性型病例最为多见，是随着疫情的发展而出现的。病禽精神萎靡、羽毛松乱、两翅下垂、闭目缩颈呈昏睡状。体温升高至43～44℃。口鼻常常流出许多黏性分泌物，冠、髯呈蓝紫色。呼吸困难，急促。常发生剧烈腹泻，稀便呈绿色或灰白色。食欲减退或废绝，饮欲增加。病程1～3天，最后发生衰竭、昏迷而死亡。

3）慢性型　多由急性病例转化，一般在流行后期出现。病鸡一侧或两侧肉髯肿大，关节肿大、化脓，跛行。有些病例出现呼吸道症状，鼻窦肿大，流黏液，喉部蓄积分泌物且有臭味，呼吸困难。病程可延至数周或数月，有的持续腹泻而死亡，有的虽然康复，但生长受阻，甚至长期不能产蛋，成为传播病原的带菌者。

（3）病理变化

1）最急性型　无明显病变，仅见心冠状沟部有针尖大小的出血点，肝脏表面有小点状坏死灶。

2）急性型　浆膜出血。心冠状沟部密布出血点，似喷洒状。心包变厚，心包液增加、混浊。肺充血、出血。肝肿大，变脆，呈棕色或棕黄色，并有特征性针尖大或粟粒大的灰黄色或白色坏死灶。脾脏一般无明显变化。肌胃和十二指肠黏膜严重出血，整个肠道呈卡他性或出血性肠炎，肠内容物混有血液。

3）慢性型　病禽消瘦，贫血，表现呼吸道症状时可见鼻腔和鼻窦内有大量黏液。有时可见肺脏有较大的黄白色干酪样坏死灶。有的病例，在关节囊和关节周围有渗出物和干酪样坏死，有的可见鸡冠、肉髯或耳叶水肿，进一步可发生坏死。

（4）预防措施　①加强家禽的饲养管理：减少应激因素的影响，搞好清洁卫生和消毒，提高家禽的抗病能力。②严防引进病禽和康复后的带菌禽：引进的家禽应隔离饲养，若需合群，需隔离饲养1周，同时服用土霉素3～5天。合群后，全群家禽再服用土霉素2～3天。③疫苗接种：在疫区可定期预防注射禽霍乱菌苗。常用的禽霍乱菌苗有弱毒活菌苗和灭活菌苗，如731禽霍乱弱毒菌苗、833禽霍乱弱毒菌苗、$G_{190}E_{40}$禽霍乱弱毒菌苗、禽霍乱乳剂灭活菌苗等。④药物预防：若邻近发生禽霍乱，本场家禽受到威胁，可使用灭霍灵（每千克饲料加3～4克）或喹乙醇（每千克饲料加0.3克）等，每隔1周用药1～2天，直至疫情平息为止。当鸡群正处于开产前后或产蛋高峰期，对禽霍乱易感性高，而且时值秋末冬初，天气多变或连阴，发病可能性大，可用土霉素2～3天（每千克饲料加1.5～2克），必要时间隔10～15天再用一次，对其他细菌性疾病也兼有预防作用。

（5）治疗方法 ①在饲料中加入0.5%～1%的磺胺二甲基嘧啶粉剂，连用3～4天，停药2天，再服用3～4天；也可以在每1 000毫升饮水中，加1克药，溶解后连续饮用3～4天。②在饲料中加入0.1%的土霉素，连用7天。③喹乙醇，按每千克体重30毫克拌料，每天1次，连用3～5天。产蛋鸡、鸭和休药期不足21天的肉用仔鸡不宜选用。④对病情严重的鸡、鸭可肌肉注射青霉素，每千克体重4万～8万单位，早晚各一次。⑤环丙沙星、氧氟沙星或沙拉沙星，按5～10毫克/千克体重肌肉注射，每天2次；饮水按50～100毫克/千克体重，连用3～4天。

136. 怎样防治鸡白痢？

鸡白痢是由鸡白痢沙门氏菌引起的一种常见传染病，其主要特征为患病雏鸡排白色糊状稀便。

（1）流行特点 本病主要发生于鸡，其次是火鸡，其他禽类仅偶有发生。据报道，在哺乳动物中，乳兔具有高度的易感性。不同品种鸡的易感性稍有差异，轻型鸡（如来航鸡）的易感性较重型鸡要低一些，母鸡较公鸡易感，雏鸡的易感性明显高于成年鸡，急性白痢主要发生于雏鸡3周龄以前，可造成大批死亡，病程有时可延续到3周龄以后。饲养管理条件差、雏鸡拥挤、环境卫生不好、温度过低、通风不良、饲料品质差以及其他疫病感染，都可成为诱发本病或增加死亡率的因素。

本病的主要传染源是病鸡和带菌鸡，感染途径主要是消化道，既可水平感染，又可垂直感染。病鸡排出的粪便中含有大量的病菌，粪便污染了饲料、垫料和饮水及用具之后，雏鸡接触到这些污染物之后即被感染。交配、断喙和性别鉴定等也能传播本病。感染雏鸡恢复之后，体内可长期带菌。带菌鸡产出的受精卵有1/3左右被病菌污染，在本病的传播中起重要作用。卵黄中含有大量的病菌，不但可以传给后代的雏鸡，使之发病而成为同群的传染源，传给同群的健康鸡；也可以污染孵化器，通过蛋壳、羽毛等传给同批或下批的雏鸡，从而将本病传向四面八方，绵延不断。

（2）临床症状　本病的潜伏期为4～5天。带菌种蛋孵出的雏鸡出壳后不久就虚弱昏睡，进而陆续死亡，一般在3～7日龄发病量逐渐增加，10日龄左右达死亡高峰，出壳后感染的雏鸡多在几天后出现症状，2～3周龄病雏和死雏达到高峰。病雏精神萎靡、离群呆立、闭目打盹、缩颈低头、两翅下垂、身躯变短、后躯下坠、怕冷、靠近热源或挤堆、时而尖叫。多数病雏呼吸困难而急促，其后腹部快速地收缩，即呼吸困难的表现。一部分病雏腹泻，排出白色糨糊状粪便，肛门周围的绒毛常被粪便污染并和粪便粘在一起，干结后封住肛门，病雏由于排粪困难和肛门周围炎症引起疼痛，所以排粪时常发出“叽叽”的痛苦尖叫声。3周龄以后发病的一般很少死亡，但近年来青年鸡成批发病、死亡亦不少见。耐过鸡生长发育不良并长期带菌，成年后产的蛋也带菌，若留作种蛋可造成垂直传染。

成年鸡感染后没有明显的临床症状，只表现产蛋减少，孵化率降低，死胚数增加。

有时，成年鸡过去从未感染过白痢病菌而骤然严重感染，或者本来隐性感染而饲养条件严重变劣，也能引起急性败血性白痢病。病鸡精神沉郁、食欲减退或废绝、低头缩颈、半闭目呈睡眠状、羽毛松乱无光泽、迅速消瘦、鸡冠萎缩苍白、有时排暗青色、暗棕色稀便、产蛋明显减少或停止、少数病鸡死亡。

（3）病理变化　早期死亡的幼雏，病变不明显，肝肿大充血，时有条纹状出血，胆囊扩张，充满大量胆汁，如因败血症死亡时，则其内脏器官有充血。数日龄幼雏可能有出血性肺炎表现。病程稍长的，可见病雏消瘦，嗉囊空虚，肝肿大脆弱，呈土黄色，布有砖红色条纹状出血线，肺和心肌表面有灰白色粟粒至黄豆大稍隆起的坏死结节，这种坏死结节有时也见于肝、脾、肌胃、小肠及盲肠的表面。胆囊扩张，充满胆汁，有时胆汁外渗，染绿周围肝脏。脾肿大充血。肾充血发紫或贫血变淡，肾小管因充满尿酸盐而扩张，使肾脏呈花斑状。盲肠内有白色干酪样物，直肠末端有白色尿酸盐。有些病雏常出现腹膜炎表现，卵黄吸收不良，卵黄囊皱缩，内容物呈淡黄色、油脂状或干酪样。

成年鸡的主要病变在生殖器官。母鸡卵巢中一部分正在发育的卵泡变形、变色、变质，有的皱缩松软呈囊状，内容物呈油脂或豆渣样，有的变成紫黑色葡萄干样，常有个别卵泡破裂或脱落。公鸡一侧或两侧睾丸萎缩，显著变小，输精管涨粗，其内腔充满黏稠渗出物乃至闭塞。其他较常见的病变有：心包膜增厚，心包腔积液，肝肿大质脆，偶尔破裂，出现卵黄腹膜炎等。

（4）预防措施　①种鸡群要定期进行白痢检疫，发现病鸡及时淘汰。②种蛋、雏鸡要选自无白痢鸡群，种蛋孵化前要经消毒处理，孵化器也要经常进行消毒。③育雏室要保持干燥洁净、密度适宜，避免室温过低，并力求保持稳定。④药物预防：Ⅰ. 在雏鸡饲料中加入 0.02%的土霉素粉，连喂 7 天，以后改用其他药物。Ⅱ. 用链霉素饮水，每千克饮水中加 100 万单位，连用 5～7天。Ⅲ. 在雏鸡 1～5 日龄，每千克饮水中加庆大霉素 8 万单位，以后改用其他药物。Ⅳ. 如果本菌已对上述药物产生抗药性，可采用恩诺沙星从出壳开始到 3 日龄按 75 毫克/升，4～6 日龄按 50 毫克/升饮用。

（5）治疗方法　①用磺胺甲基嘧啶或磺胺二甲基嘧啶拌料，用量为 0.2%～0.4%，连用 3 天，再减半量用 1 周。②用卡那霉素混水，每千克饮水中加卡那霉素 150～200 毫克，连用 3～5 天。③用氟哌酸拌料，每千克饲料中加氟哌酸 100～200 毫克，连用 3～5 天。

137. 怎样防治家禽大肠杆菌病？

禽大肠杆菌病是由不同血清型的大肠埃希氏杆菌所引起的一系列疾病的总称。它包括大肠杆菌性败血症、死胎、初生雏腹膜炎及脐带炎、全眼球炎、气囊炎、关节炎及滑膜炎、坠卵性腹膜炎及输卵管炎、出血性肠炎、大肠杆菌性肉芽肿等。

（1）流行特点　大肠杆菌在自然界广泛存在，也是畜禽肠道的正常栖居菌，许多菌株无致病性，而且对机体有益，能合成维生素 B 和维生素 K，供寄主利用，并对许多病原菌有抑制作用。大肠杆菌中一部分血清型的菌株具有致病性，或者当禽体健康、抵抗力强时不致病，而当机体健康状况下降，特别是在应激情况下就表现出其致病性，使感染的家禽发病。

鸡、鸭、鹅等家禽均可感染大肠杆菌，鸡在 4 月龄以内易感性较高。本病的传染途径有三种：一是母源性种蛋带菌，垂直传递给下一代雏禽；二是种蛋本来不带菌，但蛋壳上所沾的粪便等污染物带菌，在种蛋保存期和孵化期侵入蛋的内部；三是接触传染，大肠杆菌从消化道、呼吸道、肛门及皮肤创伤等门户都能入侵，饲料、饮水、垫草、空气等是主要传播媒介。

禽大肠杆菌病可以单独发生，也可以作为继发感染，与鸡白痢、伤寒、副伤寒、慢性呼吸道病、传染性支气管炎、新城疫、霍乱等合并发生。

（2）临床症状及病理变化

1）大肠杆菌性败血症　本病多发于雏禽，死亡率一般为5%～20%，有时也可达50%。寒冷季节多发，打喷嚏，呼吸障碍等症状和慢性呼吸道病相似，但无面部肿胀和流鼻液等症状，多和慢性呼吸道病混合感染。幼雏大肠杆菌病夏季多发，主要表现为精神萎靡、食欲减退、最后因衰竭而死亡。有的出现白色乃至黄色的下痢便，腹部膨胀，与白痢和副伤寒不易区分，死亡率多在20%以上。纤维素性心包炎为本病的特征性病变，心包膜肥厚、混浊，纤维素和干酪样渗出物混合在一起附着在心包膜表面，有时和心肌粘连。常伴有肝包膜炎，肝肿大，包膜肥厚、混浊、纤维素沉着，有时可见到有大小不等的坏死斑。脾脏充血、肿胀，可见到小坏死点。

2）死胎、初生雏腹膜炎及脐带炎　孵蛋受大肠杆菌污染后，多数胚胎在孵化后期或出壳前死亡，勉强出壳的雏禽活力也差。有些感染幼雏卵黄吸收不良，易发生脐带炎，排白色泥土状下痢便，腹部膨胀，多在出壳后2～3天死亡，5～6日龄后死亡减少或停止。在大肠杆菌严重污染环境下孵化的雏禽，大肠杆菌可通过脐带侵入，或经呼吸道、口腔而感染。雏鸡多在感染后数日发生败血症，死亡率可达20%。在2周龄时死亡减少或停止，存活的雏禽发育迟缓。

死亡胚胎或出壳后死亡的幼雏，一般卵黄膜变薄，呈黄色泥土状，或有干酪样颗粒状物混合。4月龄后感染的家禽可见心包炎，但急性死亡的剖检变化不明显。

3）全眼球炎　本病一般发生于大肠杆菌性败血症的后期，少数雏禽的眼球由于大肠杆菌侵入而引起炎症，多数是单眼发炎，也有双眼发炎的。表现为眼皮肿胀、不能睁眼、眼内蓄积脓性渗出物。角膜浑浊，前房（角膜后面）也有脓液，严重时失明。病禽精神萎靡、蹲伏少动、觅食也有困难、最后因衰竭而死亡。剖检时可见心、肝、脾等器官有大肠杆菌性败血症样病变。

4）气囊炎　本病通常是继发性感染。当禽体感染慢性呼吸道病、传染性支气管炎、新城疫时，对大肠杆菌的易感性增高，如吸入含有大肠杆菌的灰尘就很容易继发本病。一般5～12周龄的幼鸡发病较多。

病禽气囊增厚，附着大量豆渣样渗出物，病程较长的可见心包炎、肝周炎等。

5）关节炎及滑膜炎　多发于雏禽和育成禽，散发，在跗关节周围呈竹节状肿胀，跛行。关节液混浊，腔内有时出现脓汁或干酪样物，有的发生腱鞘炎，步行困难。内脏变化不明显，有的雏禽由于行动困难不能采食而消瘦死亡。

6）坠卵性腹膜炎及输卵管炎　产蛋鸡腹气囊受大肠杆菌侵袭后，多发生腹膜炎，进一步发展为输卵管堵塞，排出的卵落入腹腔。另外，大肠杆菌也可由泄殖腔侵入，到达输卵管上部引起输卵管炎。

7）出血性肠炎　主要病变为肠黏膜出血、溃疡，严重时在浆膜面即可见到密集的小出血点。病禽除肠出血外，在肌肉皮下结缔组织、心肌及肝脏多有出血，甲状腺及腹腺肿大出血。

8）大肠杆菌性肉芽肿　在小肠、盲肠、肠系膜及肝、心肌等部位出现结节状灰白色至黄白色肉芽肿，死亡率可达50%以上。

（3）预防措施　①搞好孵化卫生及环境卫生，对种蛋及孵化设施进行彻底消毒，防止种蛋的传递及初生雏的水平感染。②加强雏禽的饲养管理，适当减小饲养密度，注意控制舍内温度、湿度、通风等环境条件，尽量减少应激反应，在断喙、接种、转群等造成禽体抗病力下降的情况下，可在饲料中添加抗菌素，并增加维生素与微量元素的含量，以提高营养水平，增强鸡体的抗病力。③在雏禽出壳后3～5日龄及4～6周龄时分别给予2个疗程的抗菌类药物可以预防本病。

（4）治疗方法　用于治疗本病的药很多，其中恩诺沙星、先锋霉素、庆大霉素可列为首选药物。由于致病性埃希氏大肠杆菌是一种极易产生抗药性的细菌，因而选择药物时必须先做药敏试验并需在患病的早期进行治疗。因埃希氏大肠杆菌对四环素、强力霉素、青霉素、链霉素，卡他霉素、复方新诺明等药物敏感性较低而耐药性较强，临床上不宜选用。在治疗过程中，最好交替用药，以免产生抗药性，影响治疗效果。①用5%恩诺沙星或5%环丙沙星饮水、混料或肌肉注射。每毫升5%恩诺沙星或5%环丙沙星溶液加水1千克（每千克饮水中含药约50毫克），让其自饮，连饮3～5天；用2%的环丙沙星预混剂250克均匀拌入100千克饲料中（即含原药5克），饲喂1～3天；肌肉注射，每千克体重注射0.1～0.2毫升恩诺沙星或环丙沙星注射液，效果显著。②用庆大霉素混水，每千克饮水中加庆大霉素10万单位，连用3～5天；重症禽可用庆大霉素肌肉注射，幼禽每次5 000单位/只，成禽每次1万～2万单位/只，每天3～4次。③用5%氟哌酸预混剂50克，加入50千克饲料内，拌匀饲喂2～3天。

138. 怎样防治家禽球虫病？

家禽球虫病是由禽球虫引起的一种寄生虫病，急性暴发时可引起很高的死亡率。耐过病禽生长受阻，增重缓慢，对养禽业危害严重。

【流行特点】各种年龄的家禽均有易感性，2～4周龄的雏禽多发。地面饲养的雏禽比网上饲养的雏禽容易发病，特别是雏禽从网上饲养转为地面饲养时，最易发病。

家禽球虫病的发病季节与气温和雨量关系密切，通常气温在22～30℃之间，雨水较多的季节容易流行本病。一般情况下，家禽球虫病多发生在4～9月份。病禽和带虫禽以及被粪便污染的饲料、饮水、垫料等都可传播球虫病，主要经消化道感染，当家禽吞食了球虫的卵囊即可感染发病。

【临床症状】病家禽精神沉郁、喜卧、厌食。特征性表现为急出血性下痢，排出暗红色或棕褐色粪便。严重球虫病死亡率可高达 70%，发病率可高达 90%，耐过的雏禽生长缓慢。

【病理变化】急性型可见严重的出血性卡他性肠炎，小肠肿胀，出血，十二指肠可见出血斑和出血点。肠内容物呈淡红色或鲜红色黏液或胶冻状黏液，在卵黄蒂前后出血尤为明显。

【防治措施】

（1）预防家禽球虫病重点应搞好禽舍清洁卫生，保持禽舍干燥，每天必须清除粪便，因为球虫卵囊随粪便排出体外后，在适合条件下，约需 1～3 天才能发育成感染性的孢子卵囊，应尽可能减少家禽感染球虫的机会。

（2）定期消毒禽舍，在球虫流行季节，可将地面饲养转为网上饲养，或进行预防性投药。

（3）临床上常用的抗球虫药有：磺胺二甲基嘧啶，在饲料中添加 0.5%，连喂 3 天，停 2 天，再喂 2 天；磺胺六甲氧嘧啶，按 0.05%～0.2%混入饲料，连用 3～5 天；克球多，按 0.05%混于饲料中，连喂 10 天；氯苯胍，按（30～33）$\times 10^{-6}$混入饲料中，连用 4～5 天。

139. 怎样防治家禽维生素 A 缺乏症？

（1）病因　①饲粮中维生素 A 或胡萝卜素含量不足或缺乏，如长期使用谷物、糠麸、粕类等胡萝卜素含量少的饲料，同时缺乏动物性饲料的情况下，极易引起家禽维生素 A 的缺乏。②消化道及肝脏疾病，影响维生素 A 的消化吸收。③饲料加工不当，贮存时间太长，影响维生素 A 的含量，如黄玉米贮存期超过 6 个月，约 60%的胡萝卜素被破坏；颗粒饲料加工过程中可使胡萝卜素损失 30%以上。④饲粮中虽添加了多种维生素（包括维生素 A），但因其制品存放时间过久而失效，或在夏季添加多维素拌料后，堆积时间过长，使饲料中的维生素 A 遇热氧化分解而遭破坏。

（2）临床症状　幼禽缺乏维生素A时，可表现出生长停滞、体质衰弱、羽毛蓬松、步态不稳、不能站立、喙、跖、蹼颜色变淡、常流鼻液、流泪、眼睑羽毛粘连、干燥形成干眼圈，有些雏鸭眼睑粘连或肿胀隆起，剥开可见有白色干酪样渗出物质，以致有的眼球下陷、失明，病情严重者可出现神经症状、运动失调。病禽易患消化道、呼吸道的疾病，引起食欲不振、呼吸困难等症状。

成年禽缺乏维生素A，产蛋率、受精率、孵化率均降低。也可出现眼、鼻分泌物增多，结膜脱落、坏死等症状。种蛋孵化初期死胚较多，出壳雏禽体质虚弱，易患眼病及感染其他疾病。

（3）病理变化　剖检死胚可见，畸形胚较多，胚皮下水肿，常出现尿酸盐在胚胎、肾及其他器官沉着，眼部常肿胀。

病死雏禽剖检可见消化道黏膜尤以咽部和食道出现白色坏死病灶，不易剥离，有的呈白色假膜状覆盖；呼吸道黏膜及其腺体萎缩、变性，原有的上皮由一层角质化的复层鳞状上皮代替，眼睑粘连、内有干酪样渗出物。肾肿大，颜色变淡，呈花斑样。肾小管、输尿管充满尿酸盐，严重时心包、肝、脾等内脏器官表面也有尿酸盐沉积。

（4）防治措施　①应注意合理搭配饲料日粮，防止饲料品种单一。②发病后，多喂胡萝卜、青苜蓿、南瓜、动物肝粉等富含维生素A的饲料，也可在饲料中添加鱼肝油，按每千克2～4毫升添加，连用10～20天。③成年重症禽可口服浓缩鱼肝油丸，每只1粒，连用数日，方可奏效。

140. 怎样防治家禽维生素D、钙、磷缺乏症？

（1）病因　①饲粮中维生素D、钙、磷含量不足。②饲粮中钙、磷比例不合理。合理的钙、磷比例，一般生长期为1.5～2：1，产蛋期为5～6：1。③肝脏疾病以及各种传染病、寄生虫病引起的肠道炎症，影响机体对钙、磷以及维生素D的吸收。

（2）临床症状　病雏生长缓慢、羽毛生长不良、喙变软、用手可扭曲、腿虚弱无力、行走摇晃、步态僵硬、不愿走动、常蹲卧、病初食欲尚可，逐渐病禽瘫痪，需拍动双翅移动身体，采食受限，若不及时治疗常衰竭死亡。

成年禽表现为产薄壳蛋、软壳蛋、产蛋率下降、精液品质恶化、孵化率降低。

（3）病理变化　雏禽剖检可见甲状旁腺增大，胸骨变软呈“S”状弯曲，长骨变形，骨质变软，易折，骨髓腔增大，飞节肿大，肋骨与肋软骨的结合部可出现明显球形肿大，排列成“串珠”状，禽喙色淡、变软、易扭曲；成年产蛋母禽可见骨质疏松、胸骨变软，跖骨易折。

种蛋孵化率显著降低，早期胚胎死亡增多，胚胎四肢弯曲，腿短，多数死胚皮下水肿，肾肿大。

（4）防治措施　①平时应注意合理地调配日粮中钙和磷的含量及比例，尤以舍饲禽更为重要。②在允许的条件下，保证雏禽有充分接触阳光的机会，以利于体内维生素 D 的转化。③对于发病群体，要查明是磷缺乏还是钙或维生素 D 缺乏。在查明原因后，可及时补充缺乏成分；在难查明原因的时候，可补充1%～2%的骨粉，配合使用鱼肝油或维生素 D，病禽多在 4～5 天后康复。

图书在版编目（CIP）数据

家禽养殖知识问答／席克奇等编著．—北京：中国农业出版社，2018.6（2019.7重印）
ISBN 978-7-109-24235-7

Ⅰ.①家… Ⅱ.①席… Ⅲ.①家禽－饲养管理－问题解答 Ⅳ.①S83-44

中国版本图书馆 CIP 数据核字（2018）第 116810 号

中国农业出版社出版
（北京市朝阳区麦子店街 18 号楼）
（邮政编码 100125）
责任编辑 刁乾超 李昕昱

北京通州皇家印刷厂印刷 新华书店北京发行所发行
2018 年 6 月第 1 版 2019 年 7 月北京第 2 次印刷

开本：850mm×1168mm 1/32 印张：5.75
字数：140 千字
定价：20.00 元